Michael Faraday

Naturgeschichte einer Kerze

Sechs Vorlesungen für die Jugend

Michael Faraday

Naturgeschichte einer Kerze
Sechs Vorlesungen für die Jugend

ISBN/EAN: 9783743461147

Hergestellt in Europa, USA, Kanada, Australien, Japan

Cover: Foto ©berggeist007 / pixelio.de

Manufactured and distributed by brebook publishing software (www.brebook.com)

Michael Faraday

Naturgeschichte einer Kerze

Michael Faraday,

Naturgeschichte einer Kerze.

Sechs Vorlesungen

für die Jugend.

Zweite, durchgesehene Auflage.

Mit einem Lebensabriß Faraday's,

herausgegeben von

Richard Meyer.

Nebst einem Bildniß Faraday's und 35 Holzstichen.

Berlin,

Verlag von Robert Oppenheim.

1884.

Druck von Metzger & Wittig in Leipzig.

Vorbemerkung zur zweiten Auflage.

Michael Faraday's „Naturgeschichte einer Kerze" wird hiermit der jungen Leserwelt in einer neuen Auflage übergeben. Gern willigte der Unterzeichnete ein, die ihm von der Verlagshandlung angetragene Herausgabe zu übernehmen, welche der ursprüngliche Uebersetzer zu besorgen nicht in der Lage war. Selbstverständlich wurde der Text einer sorgfältigen Durchsicht, insbesondere einer Vergleichung mit dem englischen Original unterworfen, wobei ziemlich vielfache Abänderungen nöthig waren. Die frische, lebendige und, man darf wohl sagen naive Darstellungsweise Faraday's suchte man überall so getreu als möglich wiederzugeben. Ganz streng ließ sich freilich die Anlehnung an das Original nicht immer durchführen. Faraday hat seine Vorträge nicht niedergeschrieben, sondern frei gehalten, und das Büchlein verdankt seine Entstehung den raschen Aufzeichnungen eines Zuhörers. Dieser Ursprung giebt sich vielfach sehr vortheilhaft zu erkennen; zuweilen aber hatte er auch offenbare Unklarheiten zur Folge, und in solchen Fällen hielt es der Herausgeber für seine Pflicht, die verbessernde Hand an das ihm sonst als unverletzlich geltende Original zu legen. Hier und da wurde auch eine knappe erläuternde Anmerkung angebracht.

Das vorangestellte kurze Lebensbild Faraday's
wird von den jugendlichen Lesern, für welche ja immer
das Persönliche von besonderem Interesse ist, nicht
ungern entgegengenommen werden. Die seltenen Cha=
raktereigenschaften des Mannes, welche seiner hohen
wissenschaftlichen Bedeutung würdig zur Seite stehen,
machen ihn zu einem wahren Vorbilde für die Jugend,
und die Mittheilung seines Entwickelungsganges erschien
daher auch vom pädagogischen Standpunkte aus gerecht=
fertigt. Als Quelle dienten hauptsächlich die pietät=
vollen Aufzeichnungen über Faraday, welche von seinem
jüngeren Freunde Tyndall herausgegeben worden
sind*), und welche außer einer Fülle von persönlichen
Erinnerungen einen wahren Schatz von brieflichen Auf=
zeichnungen aus der Feder des großen Mannes selbst
enthalten. — Auch das Bildniß Faraday's, dessen
ausdrucksvolle Züge das innere Feuer und die wahre
Herzensgüte, welche in seiner Seele neben einander
wohnten, so getreulich wiederspiegeln, ist eine Bereiche=
rung der neuen Auflage.

Uebrigens sei das Büchlein nicht nur der Jugend,
sondern auch den Eltern und ganz besonders den Lehrern
empfohlen. Die letzteren werden sowohl in der Darstellung
als auch in den oft mit so einfachen Mitteln angestellten
Versuchen manchen werthvollen Fingerzeig finden.

Chur, im September 1883.

Richard Meyer.

---

*) Faraday und seine Entdeckungen, eine Gedenkschrift von John
Tyndall; deutsch herausgegeben von H. Helmholtz. Braunschweig bei
Friedr. Vieweg und Sohn. 1870.

Inhalt.

Michael Faraday.

Der Name Michael Faraday gehört einem der seltenen Geister an, welche der Menschheit neue Bahnen auf dem Gebiete der Naturwissenschaft eröffnet haben. Aber Michael Faraday war nicht nur ein großer Naturforscher: er war zugleich auch ein guter und edler Mensch, der seine Mitmenschen, und nicht am wenigsten die Jugend liebte. Gern stieg er selbst zu den Kindern herab, um ihnen in seiner schlichten und herzerfreuenden Weise aus dem reichen Schatze seines Wissens goldene Früchte zu bieten. Darum wird es gut sein, wenn wir den Mann, von dem man so treffliche Dinge lernen kann, auch selbst ein wenig kennen lernen. Es soll daher in den folgenden Zeilen einiges aus seinem Leben erzählt werden.

Michael Faraday war ein Mann, der Alles, was er wurde und leistete, seiner eigenen Kraft verdankte, ein self made man, wie die Engländer sagen, in des Wortes edelster Bedeutung. Er war der Sohn eines armen Grobschmiedes, den sein Vater nur das Nothwendigste lernen lassen konnte, und der schon als

Knabe genöthigt war darauf zu denken, wie er so bald als irgend möglich sein Brod verdienen könnte. So wurde er denn frühzeitig zu einem Buchbinder in die Lehre gethan, und er dachte nicht anders, als daß er in diesem Berufe sein Glück machen würde. Aber er brachte es nicht übers Herz, die Bücher, die er zu binden hatte, nur von außen anzuschauen; er blickte hinein, und er fand darin vieles, was ihn wundersam anzog. Insbesondere waren es die einfachsten Erscheinungen der Chemie, die seine Einbildungskraft mächtig ergriffen. Sie trieben ihn frühzeitig dazu, mit den allergeringsten Mitteln, und so gut er es vermochte, Versuche anzustellen, um sich von der Wahrheit dessen, was die Bücher ihm erzählten, durch eigene Anschauung zu überzeugen. So wurde aus dem armen Buchbinderlehrling unvermerkt ein kleiner Naturforscher. Faraday dachte wohl zuerst nicht daran, daß diese Studien etwas anderes als eine Liebhaberei sein könnten. Aber immer mächtiger ergriffen sie ihn; und endlich vermochte er dem innern Trieb nicht zu widerstehen: er vertauschte die Werkstatt des Buchbinders mit dem Laboratorium des Chemikers. Das ging nun freilich nicht so leicht; er mußte ganz von unten anfangen: als einfacher Hülfsarbeiter begann er die Laufbahn des Naturforschers. Aber nachdem er sie einmal betreten, hat er rasch, gestützt auf sein großes Talent, jedoch fortwährend mit eisernem Fleiße bemüht, seine Kenntnisse zu erweitern, bald größere und größere

Erfolge errungen, bis er endlich eine Stufe erstieg, welche zu betreten nur wenigen Auserwählten beschieden ist. Jetzt, nachdem er schon eine Reihe von Jahren nicht mehr unter den Lebenden weilt, wird sein Name von den Männern der Wissenschaft mit Verehrung genannt; diejenigen aber, denen es vergönnt war, ihn im Leben zu kennen, oder gar ihm nahe zu stehen, sprechen von ihm mit einer Begeisterung, welche nur die wahrste Herzensgüte und die edelste Lauterkeit des Charakters zu erwecken vermag.

Michael Faraday wurde als das dritte Kind des Grobschmiedes James Faraday am 22. September 1791 zu Newington Butts in Surrey (Süd-London) geboren. Seine Mutter, Margaret, war die Tochter eines Pächters Namens Hastwell in der Nähe von Kirkby-Stephen. Die Eltern erfüllte ein tief religiöser Sinn; sie gehörten der kleinen christlichen Secte der „Sandemanianer" an, und dieser ist er selbst während seines ganzen Lebens treu geblieben. — Fast zehn Jahre lang war seine Heimath eine über Stallungen gelegene Wohnung in einer Seitengasse; seine Erziehung war, wie er selbst berichtet, von der gewöhnlichsten Art und beschränkte sich fast nur auf die Anfangsgründe des Lesens, Schreibens und Rechnens; seine Freistunden brachte er zu Hause oder auf der Straße zu.

Im Jahre 1804 trat er, dreizehn Jahre alt, zuerst zur Probe als Lehrling in den Buchladen von

George Riebau; nach einem Jahre wurde er definitiv, und der von ihm geleisteten Dienste wegen unentgeltlich angenommen. Wie ernst er es mit seiner Arbeit nahm, davon giebt ein Brief seines Vaters aus dem Jahre 1809 Zeugniß, welcher schreibt:

„Michael ist Buchbinder und im Erlernen seines Ge= schäftes sehr eifrig. Von seinen sieben Dienstjahren sind fast vier verstrichen. Sein Principal und dessen Frau sind sehr brave Leute und seine Stelle gefällt ihm gut. Anfangs hatte er eine schwere Zeit durchzumachen, aber, wie das alte Sprichwort sagt: Jetzt hat er den Kopf über Wasser, da er zwei andere Knaben unter sich hat."

In diese Zeit fallen seine ersten chemischen Studien. Er las Schriften über Physik und Chemie und machte Experimente, welche sich mit einigen Pence *) wöchent= licher Einnahme bestreiten ließen. Immerhin war es ihm möglich, eine einfache Electrisirmaschine und einige andere electrische Apparate zu construiren. Auch hörte er gelegentlich Vorlesungen über Physik, welche ein Herr Tatum in den Abendstunden hielt; sein Meister ertheilte ihm dazu die Erlaubniß, und sein um drei Jahre älterer Bruder, der wie der Vater Grobschmied war, schenkte ihm zu mehreren das Eintrittsgeld. Später hatte er auch das Glück, einige Vorträge des damals schon hochberühmten Chemikers Sir Hum= phry Davy zu hören, desselben, welcher ihm später

---

*) 1 Penny = 10 Pfennige; Pence ist die Mehrzahl von Penny.

den Eintritt in die wissenschaftliche Laufbahn erschloß und der dann sein langjähriger Lehrer und Vorgesetzter wurde. Er arbeitete diese Vorlesungen aus und erläuterte die Experimente durch Zeichnungen. Hierzu hatte er sich durch besondere Studien befähigt, da er unter der Anleitung eines Herrn Masquerier eifrig Perspective getrieben hatte. — Damals machte Faraday auch einen ersten Versuch, seiner Thätigkeit eine seinem inneren Triebe entsprechende Richtung zu geben.

„Der Wunsch, wissenschaftlich beschäftigt zu sein" — so schreibt er, „veranlaßte mich in meiner Unkenntniß der Welt und in der Einfalt meines Gemüthes, noch als Lehrling an Sir Joseph Banks, damaligen Präsidenten der „Royal Society", zu schreiben. Ich erkundigte mich bei dem Portier nach einer Antwort, aber natürlich vergebens."

Mit welcher Begeisterung er in diesem jugendlichen Alter wissenschaftliche Gegenstände ergriff — er war damals 21 Jahre alt —, zeigt recht deutlich die folgende Stelle aus einem Briefe an seinen Jugendfreund Benjamin Abbott, einem Quäker, mit dem er eine sehr lebhafte Correspondenz unterhielt:

„Ich finde keinen anderen Gegenstand, über den ich schreiben könnte, als das Chlor.*) Erstaunen Sie nicht, mein lieber A., über den Eifer, mit welchem ich diese neue Theorie ergreife.

---

*) Das Chlor ist einer der sogenannten chemischen Grundstoffe, wie Schwefel, Kohle ꝛc., aus denen alle Körper zusammengesetzt sind. Es ist z. B. ein Bestandtheil des gewöhnlichen Kochsalzes.

Ich habe Davy selbst darüber sprechen hören. Ich habe ihn Experimente (entscheidende Experimente) zur Erklärung derselben anstellen sehen und ich habe ihn diese Experimente auf die Theorie, in einer für mich unwiderstehlichen Weise, anwenden und erklären und geltend machen hören. Lieber Freund, Ueberzeugung ergriff mich, ich war gezwungen ihm zu glauben, und dem Glauben folgte Bewunderung."

Im October 1812 war Faraday's Lehrzeit beendigt und er ging als Buchbindergeselle zu einem Herrn de La Roche. Dieser war ein heftiger Mann und plagte seinen Gehülfen so sehr, daß Faraday diese Stelle bald unleidlich wurde. Er fühlte sich sehr gedrückt: zur Pflege seiner wissenschaftlichen Bestrebungen blieb ihm so gut wie keine Zeit, und obwohl sein Meister ihn persönlich gern mochte und ihm für die Zukunft die lockendsten Versprechungen machte, so entschloß er sich doch bald, seine Lage wenn möglich zu ändern. Er schickte Davy die Ausarbeitungen ein, die er nach dessen Vorträgen gemacht hatte, und bat ihn, er möchte ihm die Möglichkeit verschaffen, sich der Wissenschaft zu widmen. Davy zeigte den Brief seinem Freunde Pepys und fragte ihn um seine Meinung, was er für den jungen Mann thun könne. — „Thun?" erwiderte Pepys, „lassen Sie ihn Flaschen schwenken. Taugt er etwas, so wird er sofort darauf eingehen; weigert er sich, so taugt er nichts." — „Nein, nein," sagte Davy, „wir müssen ihn zu etwas Besserem verwenden." — Und er verwendete ihn zu etwas Besserem;

denn auf seinen Antrag wurde Faraday am 13. März 1813 zu seinem Assistenten ernannt. Als sich später zeigte, welchem Genie er durch seine Hülfeleistung den Weg geebnet hatte, erinnerte sich Davy gern und mit berechtigtem Stolze jenes ersten Schrittes, und er sagte einst, die schönste Entdeckung, die er gemacht habe, sei Faraday gewesen.

So war denn Faraday Assistent am chemischen Laboratorium der „Royal Institution" in London, einer Anstalt, deren Hauptzweck es ist, die Kenntniß der Naturwissenschaften durch leichtfaßliche, von Experimenten begleitete Vorträge in möglichst weite Kreise zu tragen. An diesem Institute wirkte er bis zum Ende seines Lebens, da er später der Nachfolger Davy's als Director des chemischen Laboratoriums wurde.

Mit seiner Anstellung an der Royal Institution begann für Faraday ein neues Leben: die Wissenschaft war ihm nun zum Beruf geworden, und man kann sich leicht vorstellen, mit welcher Energie sich sein lebhafter und zugleich so nachhaltig ausdauernder Geist ihrem Dienste widmete. Aber er fühlte das Bedürfniß, seine im Ganzen dürftige Ausbildung auch nach anderen Richtungen zu ergänzen; denn er sagte sich mit Recht, daß es nicht genügt, ein tüchtiger Gelehrter in seinem Fache zu sein, sondern daß es auch noch der Kenntnisse und Fertigkeiten auf anderen Gebieten der menschlichen Bildung bedürfe. Er fand Nahrung für dieses Streben,

indem er im Jahre 1813 in die „City philosophical Society" eintrat, ein Verein, welcher
30—40 Mitglieder aus den niederen oder mittleren
Ständen zählte. Man kam jeden Mittwoch Abend zusammen, um theils in selbstgehaltenen Vorträgen, theils
in freien Discussionen gegenseitige Belehrung zu suchen.
Die Gesellschaft trat sehr anspruchslos auf, aber ihre
Leistungen waren, wie Faraday selbst sagte, von großem Werthe für die Mitglieder. — Später trat er
in Gemeinschaft mit etwa sechs Personen, welche größten-
theils der „City philosophical Society" angehörten, zu
einem engeren Verbande zusammen. Sie trafen sich
Abends „um zusammen zu lesen, und gegenseitig ihre
Aussprache, sowie ihren Satzbau zu beurtheilen, zu
verbessern und zu vervollkommnen. Die Disciplin
war — wie Faraday erzählt — kräftig, die Be-
merkungen sehr aufrichtig und offen und die Resultate
sehr werthvoll". Diese Gesellschaft erhielt sich mehrere
Jahre hindurch.

Im Uebrigen finden wir ihn eifrig mit chemischen
Arbeiten beschäftigt. Bei Gelegenheit derselben machte
er sehr bald an sich die Erfahrung, daß die Wissenschaft von denen, die sich ihrem Dienste widmen, unter
Umständen den Muth und die Opferfreudigkeit des
Soldaten verlangt. Mit Versuchen über die explosive
Verbindung des Chlors mit dem Stickstoff beschäftigt,
erlebte er nicht weniger als vier Detonationen, deren
eine ihm einen Theil eines Nagels abriß und die Finger

auch sonst derartig verwundete, daß er sie längere Zeit nur mühsam gebrauchen konnte. Nur der Umstand, daß sein Gesicht bei diesen Versuchen durch eine gläserne Maske geschützt war, bewahrte ihn vor weit gefähr= licheren Verletzungen.

Bald sollten indessen diese Arbeiten eine längere Unterbrechung erfahren. Schon im October desselben Jahres, in welchem er seine Stelle an der Royal In= stitution angetreten hatte, unternahm H. Davy eine größere Reise ins Ausland und Faraday begleitete ihn auf derselben. Die Reise erstreckte sich über Frank= reich, Italien, die Schweiz, Tyrol ꝛc. und dauerte bis zum April des Jahres 1815. Faraday erweiterte durch dieselbe seine Kenntnisse und seinen Gesichtskreis. Aber sie brachte ihm auch mancherlei Unannehmlichkeiten, da er genöthigt war, eine Menge untergeordneter Dienst= leistungen zu verrichten, zu denen er eigentlich nicht ver= pflichtet war, und gegen die sich sein Unabhängigkeitssinn und sein damals schon erwachtes berechtigtes Selbstgefühl auflehnten. Besonders hatte er in dieser Hinsicht von Lady Davy zu leiden. Die täglichen Plagen waren doch so empfindlich, daß er mehrere Male drauf und dran war, eiligst nach Hause zurückzukehren. Aber der Wunsch nach Ausbildung hielt ihn zurück.

„Ich habe gerade genug gelernt" — schreibt er am 16. September 1814 an seinen Freund Abbott — „um meine Unwissenheit zu erkennen: ich schäme mich meiner all= seitigen Mängel und wünsche, die Gelegenheit, denselben ab=

zuhelfen, jetzt zu ergreifen. Die wenigen Kenntnisse, die ich mir in Sprachen erworben habe, machen den Wunsch in mir rege, mehr von denselben zu wissen, und das Wenige, was ich von Menschen und Sitten gesehen, ist gerade genug, um es mir wünschenswerth erscheinen zu lassen, mehr zu sehen. Hierzu kommt die herrliche Gelegenheit, deren ich mich erfreue, mich in der Kenntniß der Chemie und anderer Wissenschaften fortwährend zu vervollkommnen, und dies bestimmt mich, die Reise mit Sir Davy bis zu Ende mitzumachen."

Daß Faraday die gebotene Gelegenheit in aus= giebigster Weise benutzte, wird man sich denken können. Wie sehr sein Blick auf Alles, selbst das kleinste ge= richtet war, zeigt eine Aufzeichnung, datirt Dreux, den 28. October, welche ich mir nicht versagen kann, hier folgen zu lassen. Sie lautet:

„Ich kann nicht umhin, einem Thiere, das hier zu Lande vorkommt, einen Ausruf der Bewunderung zu widmen: näm- lich den Schweinen. Zuerst war ich geradezu über ihre Natur zweifelhaft, denn obgleich sie zugespitzte Nasen, lange Ohren, seilartige Schwänze und gespaltene Klauen haben, so scheint es doch unglaublich, daß ein Thier, welches einen langgestreckten Körper, aufwärts gewölbten Rücken und Bauch, schmächtige Seiten, lange, dünne Beine hat und fähig ist, unsern Pferden ein bis zwei Meilen vorzulaufen, irgendwie mit dem fetten Schweine England's verwandt sein könne. Als ich zuerst ein solches in Morlaix sah, fuhr es so plötzlich auf und wurde durch die Störung so behende in seinen Bewegungen und unseren Schweinen in seinen Geberden so unähnlich, daß ich mich nach einem zweiten Geschöpfe derselben Gattung umsah, ehe ich zu entscheiden wagte, ob es ein normales oder außergewöhn= liches Product der Natur sei. Aber ich finde sie alle gleich und was ich in der Ferne für ein Windspiel gehalten hätte, bin ich, bei näherer Besichtigung, genöthigt, als Schwein an= zuerkennen."

· Diese harmlose Beobachtung, und ganz besonders die Art, wie er sich ihrer Richtigkeit versicherte, zeigt uns, wenn auch bei geringfügigem Anlasse, den echten Naturforscher.

Nach 1½ jähriger Abwesenheit kehrte Faraday nach London zurück. Seine Arbeiten mehrten sich rasch. Er hatte vor allem H. Davy bei seinen wissenschaft= lichen Untersuchungen und bei den seine Vorträge be= gleitenden Experimenten zu unterstützen. Daneben aber beschäftigte er sich mit eigenen Arbeiten. Im Januar 1816 begann er seine Thätigkeit als Lehrer mit einer größeren Reihe von chemischen Vorträgen. Anfangs arbeitete er sie ganz aus; bald aber genügten ihm kurze Notizen als Erinnerungszeichen · für die wichtigsten Punkte, die er zu besprechen hatte, während der Vor= trag selbst in freier Rede bestand. Auch eine schrift= stellerische Thätigkeit begann er um diese Zeit, da ihm die Redaction einer bedeutenden wissenschaftlichen Zeit= schrift, des „Quaterly Journal of Science" übertragen wurde. Die Arbeitslast muß damals eine recht große gewesen sein. Denn in einem Briefe an seinen Freund Abbott entschuldigt er seine mangelhafte Correspon= denz damit, und bezeichnet ausdrücklich seinen Beruf als „Geschäft". Erst Neun Uhr Abends verließ er das Laboratorium. „Aber," schreibt er, „verstehen Sie mich wohl, ich klage nicht; je mehr ich zu thun habe, desto mehr lerne ich; ich wünsche nur, Ihnen den Eindruck zu nehmen, als wäre ich faul — ein Argwohn, der übrigens, wie mich eine kurze Ueberlegung lehrt, nie vorhanden sein kann." — Die letztere Bemerkung zeigt, daß es Faraday nicht an wohlberechtigtem Selbstbewußtsein fehlte. Wir werden davon noch weitere Beweise erhalten.

Im Jahre 1816 hat Faraday auch eine erste eigene Untersuchung veröffentlicht, und zwar in dem Quaterly Journal. Es war eine Analyse einer Art natürlichen kaustischen Kalks von Toscana, welchen die Herzogin von Montrose an Davy geschickt hatte. Faraday selbst schrieb später darüber:

„Es war meine erste Mittheilung an das Publikum und sie war für mich in ihren Resultaten sehr wichtig. Sir Humphry Davy gab mir als ersten chemischen Versuch diese Analyse, zu einer Zeit, wo meine Furcht größer war als mein Selbstvertrauen, und beide weit größer als meine Kenntnisse, und zu einer Zeit, wo mir der Gedanke an eine selbständige wissenschaftliche Arbeit noch nie in den Sinn gekommen war. Die Beifügung der Anmerkungen Sir Humphry's und die Veröffentlichung meiner Arbeit ermuthigten mich fortzufahren und von Zeit zu Zeit andere unbedeutende Mittheilungen zu machen. Ihre Uebertragung aus dem Quaterly in andere Journale vermehrte meine Kühnheit und jetzt, da 40 Jahre verflossen sind, und ich auf die Resultate der ganzen Reihe der Mittheilungen zurückblicken kann, hoffe ich noch, so sehr sich auch ihr Charakter verändert hat, weder jetzt, noch vor 40 Jahren zu kühn gewesen zu sein."

Dieser ersten selbständigen Arbeit folgten bald
weitere, welche zwar noch nicht von epochemachender
Bedeutung waren, immerhin aber Zeugniß gaben von
seiner scharfen Denkkraft und seinem erfinderischen
Geiste. — Im Jahre 1821 verheirathete er sich mit
S a r a h   B a r n a r d.   In seiner Gewissenhaftigkeit
wünschte er den Tag seiner Vermählung wie jeden
andern betrachtet zu sehen, und er beleidigte einige
nahe Verwandte dadurch, daß er sie nicht zur Hochzeit
einlud.   In einem Briefe, den er an die Schwester
seiner Frau vor der Hochzeit schrieb, sagt er:

„Auch nicht durch die Vorgänge eines einzelnen Tages
soll Unruhe, Lärm oder Hast veranlaßt werden. Aeußerlich
wird der Tag wie alle anderen vergehen, denn es genügt, daß
wir im Herzen Freude erwarten und suchen."

Wie sehr die hier ausgesprochene Hoffnung sich
erfüllte, zeigt eine Notiz, die Faraday selbst viel später
niederschrieb, und welche sich in einer Sammlung amt=
licher, auf sein Leben bezüglicher Papiere vorfand:

„25. Januar 1847: Unter diesen Aufzeichnungen und
Begebenheiten trage ich hiermit das Datum eines Ereignisses,
ein, welches mehr als alle übrigen eine Quelle von Ehre und
Glück für mich wurde. Wir wurden getraut am 12. Juni 1821."

Es waren Faraday von nun an über vierzig
Jahre des Glückes, der Zufriedenheit und der rastlosesten
Arbeit beschieden.   Von seinen äußeren Schicksalen ist
wenig mehr zu berichten: sein Leben floß fortan ruhig
dahin, er vertauschte die erste Stätte seines Wirkens

mit keiner andern. Seine Arbeit aber war von einem
geradezu beispiellosen Erfolge. Es würde kaum mög=
lich sein, die Zahl der Entdeckungen anzugeben, die er
gemacht hat. Und was für Entdeckungen! Einzelne
von ihnen sind derart, daß sie allein genügen würden,
einen unvergänglichen wissenschaftlichen Ruhm zu be=
gründen. Er erschloß ganze und große neue Gebiete
des Wissens. Aber er begnügte sich niemals damit,
eine neue Erscheinung aufzufinden; er verfolgte den
Gegenstand nach allen Richtungen mit unerschöpflichem
Scharfsinne und nie ermüdeter Beharrlichkeit; und er
ruhte nicht eher, als bis Thatsache an Thatsache sich
reihte, bis endlich aus der Fülle der einzelnen Erschei=
nungen ein klar erkennbarer Zusammenhang, ein
Naturgesetz hervorleuchtete.

Diese Erfolge wurden hauptsächlich durch zwei
große Eigenschaften bedingt: er war ein tiefer Denker
und ein großer Experimentator; zudem war er —
bei aller heitern Ruhe seines Wesens — eine tief
ernste Natur. Seine Gewissenhaftigkeit erlaubte ihm
erst von einem Gegenstande abzulassen, wenn er, soweit
es seine Mittel zuließen, nach allen Richtungen hin
erschöpft war. Seine Denkarbeit war keine streng ge=
ordnete. Die Ideen zu seinen Versuchen kamen ihm
meist scheinbar plötzlich wie durch eine Eingebung, und
er selbst wußte die Gedankenverbindung, die ihn dazu
geführt hatte, später selten klar anzugeben. — Das
Experimentirzimmer aber war seine eigentliche Heimath.

Ein wohlgelungener Versuch versetzte ihn in Entzücken; und wenn er in dem Ergebniß desselben gar die Bestätigung einer auf Grund früherer Versuche ge= hegten Vermuthung fand, so fühlte er eine Freude, die ihm nur nachempfinden kann, wer selbst, wenn auch in viel bescheidenerem Grade, ähnliche Freuden erlebt hat.

Leider muß es mir versagt bleiben, die gewaltige Lebensarbeit des großen Mannes ihrem eigentlichen Inhalte nach zu schildern. Ich müßte dazu chemische und physikalische Kenntnisse voraussetzen, welche nur durch gründliches Studium erworben werden können. Aber ganz übergehen dürfen wir diese großartigen Ent= deckungen nicht, und deshalb will ich versuchen, durch einige Andeutungen wenigstens einen Begriff ihrer Trag= weite zu geben.

Faraday's Arbeiten bewegten sich fast ausschließ= lich auf dem Gebiete der Electricität. Sie erstreckten sich freilich von hier aus auch auf die übrigen Zweige der Physik, aber nur insofern diese mit den electrischen Erscheinungen im Zusammenhang stehen. Nur auf chemischem Gebiete hat er einige wichtige Untersuchungen ausgeführt, welche von seinen electrischen Arbeiten un= abhängig sind; sie fallen zum größten Theil in die ersten Jahre seiner wissenschaftlichen Thätigkeit, während er noch Davy's Assistent war. — Von besonderer Be= deutung ist auch eine Untersuchung, welche sich auf dem höchst interessanten Grenzgebiete zwischen der Elec= tricitätslehre und der Chemie bewegt.

Vor allem muß Faraday genannt werden als
der Entdecker einer eigenthümlichen Art von electrischen
Strömen, welche man als Inductionsströme zu be=
zeichnen pflegt. Er wurde damit der Begründer eines
ganz neuen Zweiges der Electricitätslehre, auf welchem
durch ihn und später durch andere Physiker die staunens=
werthesten Früchte gepflückt wurden. Diese wichtige
Entdeckung ist keineswegs ein Werk des Zufalles ge=
wesen. Vielmehr wurde Faraday durch Nachdenken
über andere bekannte electrische Erscheinungen auf eine
ganz bestimmte Vermuthung geführt, und er ruhte nicht,
bis das Experiment ihm die Richtigkeit dieser Ver=
muthung gezeigt hatte. — Die Inductionselectricität
ist nicht nur von außerordentlichem Interesse für die
Wissenschaft; sie hat im Laufe der Zeit auch die
wichtigsten Anwendungen im praktischen Leben gefun=
den. Zunächst in der Medicin. Die Heilerfolge der
electrischen Behandlungsmethode beruhten anfangs aus=
schließlich und noch jetzt zum größeren Theile auf
einer Verwerthung der Faraday'schen Inductionsströme.
— Das Telephon läßt uns die Stimme eines fernen
Freundes vernehmen vermittelst der Inductionsströme,
welche durch die Schwingungen eines dünnen Eisenblätt=
chens erzeugt werden. — Das electrische Licht blieb,
so lange man es mit gewöhnlichen electrischen Strömen
erzeugte, eine außerordentliche, mehr das Staunen
erweckende, als nützliche Erscheinung. Erst seitdem man
die Inductionsströme Faraday's dafür verwendet, ist

es zu der eminenten praktischen Bedeutung gelangt, von der jetzt alle Welt erfüllt ist. — Aehnlich ging es mit den Versuchen, die Electricität als Triebkraft zu verwenden. Zwar hat man schon längst electrische Maschinen construirt, welche Arbeiten verrichten, ähnlich den Dampfmaschinen. Aber es war eine viel zu kostspielige Arbeit, und Maschinen dieser Art wurden wohl in kleinem Maßstabe als wissenschaftliche Curiositäten hergestellt; eine nennenswerthe praktische Bedeutung haben sie nicht erlangt. Erst die Anwendung von Maschinen mit Inductionsströmen hat den ungeheuren Umschwung ermöglicht, der sich gegenwärtig vor unseren Augen vollzieht. Wenn es gelingen wird, mit Hülfe der Electricität die unerschöpflichen und meist noch unbenutzten Kräfte zu verwerthen, welche die zu Thal stürzenden Bäche, die dem Meere zufließenden Ströme bergen; wenn die Prophezeihungen derer sich erfüllen, welche den Anbruch eines neuen, eines electrischen Zeitalters leuchten sehen — so muß der Name Faraday genannt werden als der Name des Mannes, dessen unsterbliche Entdeckungen den sicheren Grund bilden, auf dem der kühne Bau errichtet wird.

Weniger in die Augen fallend, aber für die Wissenschaft nicht minder wichtig sind Faraday's Untersuchungen auf dem Gebiete des Magnetismus. Seinem denkenden Geiste widerstrebte die Annahme, daß diese geheimnißvolle Kraft auf das Eisen beschränkt sein sollte, wie man früher glaubte. Und seine rastlosen Versuche zeigten ihm, daß er sich nicht getäuscht hatte. Seit Faraday wissen wir, daß alle Materie magnetisch ist, wenn auch dem Eisen diese Kraft in weit höherem Maße innewohnt, als allen anderen Stoffen. Aber seine Versuche ergaben noch ein ganz anderes, unerwartetes Resultat: sie zeigten, daß es zwei verschiedene Arten von Magnetismus giebt, und daß jeder Körper entweder den gleichen Magnetismus besitzt wie das Eisen oder die zweite von ihm entdeckte Art. Diese letztere nannte er Diamagnetismus. — Auch an Krystallen beobachtete Faraday besondere magnetische Eigenschaften; und endlich entdeckte er höchst merkwürdige Einwirkungen der Magnete auf das Licht.

Vielen wird es bekannt sein, daß man mittelst des electrischen Stromes von körperlichen Gegenständen sogenannte galvanoplastische Abdrücke in Kupfer machen kann, worauf ein Verfahren der Vervielfältigung von Kunstgegenständen u. dergl. beruht. Auch dünne Metallüberzüge kann man in ähnlicher Weise erzeugen und macht davon bei der galvanischen Versilberung, Vergoldung, Vernickelung ꝛc. Gebrauch. Alles dieses sind sogenannte chemische Wirkungen des electrischen Stromes, und es giebt deren eine sehr große Zahl. Faraday fand das Naturgesetz auf, welches allen diesen Wirkungen zu Grunde liegt. Dasselbe ist nach ihm das Faraday'sche Gesetz genannt worden.

Die magnetischen und electrochemischen Untersuchungen Faraday's haben für die Wissenschaft ein ebenso

tieses Interesse wie diejenigen der Inductionselectrici=
tät. Sie haben freilich ähnliche praktische Erfolge bis=
her nicht aufzuweisen wie diese. Sind sie deshalb
weniger werthvoll? Auf diese Frage giebt uns Fara=
day selbst — freilich mit Bezug auf einen andern,
aber verwandten Gegenstand — die beste Antwort. Er
erzählt uns von Benjamin Franklin, daß er auf
die Frage, wozu eine wissenschaftliche Entdeckung nütze,
zu sagen pflegte: „Wozu nützt ein kleines Kind?" Und
er giebt selbst die Antwort: „Bemüht euch, es nützlich
zu machen!" — Ist es aber nicht auch ein Nutzen,
wenn das Wissen des Menschen und damit sein Ge=
sichtskreis sich erweitert? Wenn der tiefere Einblick in
den Gang der Weltordnung Geist und Gemüth erhebt?

Faraday hat außer den kurz angeführten noch
viele herrliche Entdeckungen gemacht. Sie schienen ihm
wie von selbst zuzuströmen: aber in Wahrheit war eine
jede durch die äußerste Anstrengung aller seiner Kräfte
erkämpft. So konnte es denn auch nicht ausbleiben,
daß endlich ein Zustand der Erschöpfung eintrat. Schon
gegen Ende der dreißiger Jahre mußte er oftmals
seine Arbeit unterbrechen und Erholung in der er=
quickenden Wirkung ländlicher Ruhe suchen. Häufig
war er tagelang nicht im Stande mehr zu thun, als
am offenen Fenster sitzend das Meer und den Himmel
anzusehen, und nur der liebevollen Fürsorge seiner Frau
ist es zu verdanken, daß er seinen Freunden und der
Wissenschaft doch so lange erhalten blieb. — Im Jahre

1841 verschlimmerte sich sein Zustand derartig, daß er
zu einer längeren Unterbrechung seiner Thätigkeit ge=
zwungen war. Er suchte und fand Stärkung in einer
Reise in die Schweiz. Wie sehr ihn diese gekräftigt
hat, zeigt die Thatsache, daß viele seiner schönsten Ent=
deckungen nach derselben gemacht worden sind. Er
lebte und wirkte noch bis in die Mitte der sechziger
Jahre. 1866 trat ein bedeutendes Abnehmen der Kräfte
ein, und am 25. August 1867 starb er zu Hampton
Court, fast 76 Jahre alt.

Faraday war von der Natur mit seltenen Geistes=
gaben ausgestattet. Aber nicht diesen allein verdankte
er die bewunderungswürdigen Erfolge seiner Forscher=
arbeit. Er war sich bewußt, daß große Gaben nicht
genügen, um Großes zu leisten; sie sind im Gegentheil
eine Verpflichtung, sie durch rastlosen Fleiß zu ent=
wickeln und zu benutzen. Wer das nicht thut, der hat
sie vergebens empfangen, er ist ein Verschwender des
köstlichsten aller Güter. Auch im Reiche des Geistes
gilt das schöne Wort: „Noblesse oblige.“ Nie wäre
der arme Buchbinder zum großen Naturforscher gewor=
den, hätte er das nicht beherzigt. Als unter seinem
zweiten Lehrherrn seine Zeit fast ganz und gar durch
die Berufsgeschäfte erschöpft wurde, schrieb er an den
öfters genannten Abbott:

„Freiheit und Zeit habe ich womöglich noch weniger als
zuvor, obgleich ich hoffe, daß meine Fähigkeit, sie zu benutzen,

nicht zugleich abgenommen hat. Ich weiß wohl, welche un=
verbesserlichen Uebelstände durch den Mißbrauch dieser Seg=
nungen erwachsen. Diese ließ mich der gesunde Menschenverstand
erkennen, und ich verstehe nicht, wie Jemand, der über seinen
eignen Stand, seine eignen freien Beschäftigungen, Ver=
gnügungen, Handlungen ꝛc. nachdenkt, dumm genug sein kann,
um solchen Mißbrauch zu begehen. Ich danke dem Helfer,
welchem aller Dank gebührt, daß ich im Allgemeinen kein über=
triebener Verschwender der Segnungen bin, welche mir als
Mensch geworden sind: ich meine Gesundheit, lebhaftes Gefühl,
Zeit und zeitliche Hülfsmittel."

Sehr wesentlich wurde Faraday's Leistungsfähig=
keit noch durch seinen außergewöhnlichen Ordnungssinn
erhöht. Von dieser Eigenschaft schreibt sein Freund
Tyndall, daß sie wie ein leuchtender Strahl durch alle
Handlungen seines Lebens hinlief.

„Auch die verwickeltsten und verwirrtesten Angelegenheiten
ordneten sich harmonisch unter seinen Händen. Die Art, wie
er die Rechnungen führte, erregte die Bewunderung des
Comités der Royal Society. In seinen wissenschaftlichen
Angelegenheiten herrschte dieselbe Ordnung. In seinen ex=
perimentellen Untersuchungen war jeder Paragraph numerirt
und durch beständige Rückbeziehungen mit den übrigen ver=
knüpft. Seine glücklicherweise erhaltenen Privatnotizen sind
in ähnlicher Weise numerirt, der letzte Paragraph trägt die
Zahl 16,041. Außerdem zeigte auch seine Arbeitsfähigkeit die
teutonische Ausdauer. Er war eine impulsive Natur, allein
hinter dem Impulse war eine Kraft, welche kein Rückweichen
gestattete. Faßte er in warmen Augenblicken einen Entschluß
so führte er ihn bei kaltem Blute aus. Sein Feuer war
demnach gleich dem eines festen Brennstoffes, nicht aber dem

eines Gases, das plötzlich aufflackert, aber ebenso plötzlich wieder erlischt."

Gewissenhaft, wie in der Benutzung der Zeit und seiner Geistesgaben, war er auch in der Auffassung der Ziele, die er sich steckte. Er pflegte zu sagen: „Es bedürfe zwanzig Jahre Arbeit, ehe man in physikalischen Dingen zum Manne heranreife; bis dahin befinde man sich im Zustande der Kindheit." — Ebenso ernst, wie seine Aufgabe als Forscher, nahm er seinen Beruf als Lehrer. Einer seiner Freunde, Mr. Magrath besuchte regelmäßig Faraday's Vorlesungen, nur um für ihn alle Fehler zu notiren, welche er in der Ausdrucksweise oder in der Aussprache bemerken konnte. Die Liste derselben wurde stets mit Dank entgegengenommen. — Wie feurig er als Lehrer war, und wie ihn zuweilen der Stoff hinriß, zeigt die Thatsache, daß er in jungen Jahren stets eine Karte vor sich hinlegte, worauf in großen Buchstaben das Wort „Langsam" stand. Zuweilen übersah er dieselbe und sprach zu rasch: für solche Fälle hatte sein Diener den Befehl, die Karte von Neuem vor ihn hinzulegen. Wir ersehen hieraus zugleich, mit welcher Weisheit und Kraft er selbst diesen mächtigen inneren Strom einzudämmen wußte.

Es wurde schon erwähnt, daß Faraday der Sekte seiner Eltern bis zu seinem Lebensende angehörte. Dies geschah keineswegs aus äußerlicher Frömmigkeit. Er war vielmehr von Grund seines Wesens eine tiefreligiöse, pietätvolle Natur. Auch auf anderem Gebiete zeigt sich diese Richtung seines Gemüthes. So schrieb er von der Reise am 14. April 1841 seiner Mutter:

„Als Sir H. Davy zuerst die Güte hatte, mich aufzufordern, ihn zu begleiten, sagte ich mir: ‚Nein, ich habe eine Mutter, ich habe Verwandte hier,‘ und damals wünschte ich mir fast, einzeln und allein in London zu stehen. Aber jetzt bin ich froh, Jemanden hinterlassen zu haben, an den ich denken und dessen Handlungen und Beschäftigungen ich mir im Geiste ausmalen kann. Jede freie Stunde benutze ich dazu, um an die Meinigen zu Haus zu denken. Die Erinnerung an die Daheimgebliebenen ist meinem Herzen ein beruhigender und erfrischender Balsam trotz Krankheit, Kälte oder Müdigkeit.“

Und in Interlaken setzte er in sein Tagebuch die folgende Notiz:

„2. August 1841. Die Fabrikation von Schuhnägeln ist hier ziemlich bedeutend; und es ist hübsch der Arbeit zuzusehen. Ich liebe eine Schmiede und Alles, was auf das Schmiedehandwerk Bezug hat. Mein Vater war ein Schmied.“

Seinem Freunde, Professor Tyndall, schrieb er im Jahre 1855, als dieser mißmuthig war über Discussionen, die er auf der Versammlung der englischen Naturforscher in Glasgow mit mehreren Fachgenossen gehabt hatte:

„Erlauben Sie mir als einem alten Manne, der durch Erfahrung klug geworden sein sollte, Ihnen zu sagen, daß ich, als ich jünger war, sehr oft die Absichten der Leute mißverstand, und nachher fand, daß sie das, was ich voraussetzte, gar nicht gemeint hatten; ferner fand ich, daß es im Allgemeinen besser ist, etwas langsam in der Auffassung der-

jenigen Aeußerungen zu sein, welche Sticheleien zu enthalten
scheinen, hingegen alle diejenigen, welche freundliche Gesin=
nungen verrathen, rasch zu erfassen. Die wirkliche Wahrheit
kommt schließlich immer zu Tage, und man überzeugt einen
Gegner, der im Irrthum ist, eher durch eine nachgiebige als
durch eine leidenschaftliche Antwort. Was ich sagen möchte
ist, daß es besser ist, gegen die Wirkungen der Parteilichkeit
blind zu sein, hingegen den guten Willen schnell anzuerkennen.
Man fühlt sich selbst glücklicher, wenn man das thut, was
zum Frieden führt. Sie können sich kaum vorstellen, wie oft
ich bei mir selbst ergrimmte, wenn ich mich, meiner Meinung
nach, ungerecht und oberflächlich angegriffen sah; und doch
habe ich gesucht, und wie ich hoffe, ist es mir gelungen, nie=
mals in demselben Ton zu antworten. Und ich weiß, daß
ich nie dadurch verloren habe. Ich würde Ihnen dies Alles
nicht sagen, ständen Sie als wahrer Forscher und Freund
nicht so hoch in meiner Achtung."

Faraday bezeichnete sich selbst als demüthig: „aber"
fügte er hinzu, „es wäre ein großer Irrthum zu denken,
ich sei nicht auch zugleich stolz."

„Diese Doppelnatur zeigte sich — so schreibt Tyndall
— überall in seinem Charakter. Er war ein Demokrat in
seinem Mißtrauen gegen jede Autorität, welche seine Gedanken=
freiheit zu beschränken suchte, und dennoch war er stets bereit,
sich in Ehrerbietung zu beugen vor Allem, was der Ehrerbie=
tung werth war, sei es in den Sitten der Welt oder im Cha=
rakter der Menschen."

Wie sein Selbstbewußtsein schon früh erwachte,
haben wir bereits an einzelnen Beispielen erfahren. Die
folgende Stelle aus einem Briefe an Abbott vom
1. Juni 1813 ist ein neuer Beleg dafür; sie zeigt uns

zugleich, wie scharf Faraday beobachtete, wie er stets bemüht war, sein Urtheil zu bilden und aus seinen Be= obachtungen zu lernen:

„Die Gelegenheit, die ich neuerdings hatte, Vorlesungen von den verschiedenen Professoren zu hören und Belehrungen von ihnen zu empfangen, während sie ihren amtlichen Pflichten nachkamen, hat mich in den Stand gesetzt, ihre verschiedenen Gewohnheiten, Eigenthümlichkeiten, Trefflichkeiten und Mängel zu beobachten, wie sie mir während des Vortrags klar geworden sind. Ich ließ auch diese Aeußerungen der Persönlichkeit meiner Beobachtung nicht entgehen und, wenn ich mich be= friedigt fühlte, suchte ich dem besonderen Umstande, der mir solchen Eindruck gemacht hatte, auf die Spur zu kommen. Ich beobachtete ferner die Wirkung, welche die Vorlesungen von Brande und Powell auf die Zuhörer ausübten und suchte mir klar zu machen, warum dieselben gefielen oder mißfielen.

Es mag vielleicht eigenthümlich und ungehörig erscheinen daß Jemand, der selbst völlig unfähig zu einem solchen Amte ist, und der nicht einmal auf die dazu nöthigen Eigenschaften Anspruch machen kann, sich erkühnt, Andere zu tadeln und zu loben; seine Zufriedenheit über dieses, sein Mißfallen über jenes auszudrücken, wie sein Urtheil ihn grade leitet, während er die Unzulänglichkeit seines Urtheils zugiebt. Aber, bei näherer Betrachtung finde ich die Ungehörigkeit nicht so groß. Bin ich dazu unfähig, so kann ich offenbar noch lernen; und wodurch lernt man mehr, als durch Beobachtung Anderer? Wenn wir niemals urtheilen, werden wir nie richtig urtheilen, und es ist viel besser, unsere geistigen Gaben gebrauchen lernen (und wäre ein ganzes Leben diesem Zwecke gewidmet), als sie in Trägheit zu begraben, eine traurige Oede hinterlassend."

Sehr bezeichnend für seinen Charakter ist ferner das folgende Erlebniß aus dem Jahre 1821. Durch

eine sehr merkwürdige, auf die Inductionsströme be=
zügliche Entdeckung war er mit einem ausgezeichneten
Physiker, Wollaston, in eine gewisse Differenz ge=
kommen, da dieser in ähnlicher Richtung arbeitete. Von
mehreren Seiten beschuldigte man ihn, in dieser Sache
nicht vollkommen ehrenhaft verfahren zu sein. Die tiefe
Kränkung, die er darüber empfand, und die sittliche
Entrüstung, mit der er die unbegründeten Vorwürfe
zurückweist, können wir nicht besser kennen lernen, als
durch seine eigenen Worte. Am 8. October schrieb er
an J. Stodart:

„Ich höre täglich mehr von diesen Gerüchten und fürchte,
daß sie, wenn ich auch nur davon flüstern höre, doch unter
den Männern der Wissenschaft laut genug besprochen werden:
und da dieselben zum Theil meine Ehre und Redlichkeit an=
greifen, so liegt mir viel daran, sie zu beseitigen, oder sie
wenigstens insoweit als irrthümlich zu erweisen, als sie meine
Ehre angreifen. Sie wissen sehr wohl, welchen Kummer mir
diese unerwartete Aufnahme meiner Abhandlung im Publikum
gemacht hat und Sie werden sich deshalb nicht wundern, wenn
mir Alles daran liegt, diesen Eindruck los zu werden, obgleich
ich dadurch Ihnen und anderen Freunden Mühe mache.
Wenn ich recht verstehe, so klagt man mich an: 1. daß ich die
Belehrungen, welche ich empfing, indem ich Sir Humphry
Davy bei seinen Versuchen über diesen Gegenstand assistirte,
nicht ausdrücklich erwähnt habe; 2. daß ich über die Theorie
und Ansichten von Dr. Wollaston geschwiegen habe; 3. daß
ich die Sache aufgenommen habe, während Dr. Wollaston daran
war, sie zu bearbeiten und 4. daß ich in nicht ehrenhafter
Weise Dr. Wollaston's Gedanken mir angeeignet und ohne dies

anzuerkennen, sie bis zu den Ergebnissen verfolgt habe, die ich herausbrachte.

Es liegt etwas Erniedrigendes im Zusammenhange dieser Anklage, und wäre die letzte darunter richtig, so fühle ich, daß ich nicht in dem freundschaftlichen Verhältnisse bleiben könnte, in dem ich jetzt mit Ihnen und anderen wissenschaftlichen Männern stehe. Meine Liebe für wissenschaftlichen Ruhm ist noch nicht so groß, daß sie mich verleiten sollte, ihm auf Kosten der Ehre nachzustreben, und meine Sorge, diesen Flecken abzuwaschen, ist so groß, daß ich mich nicht scheue, Ihre Mühe auch über das gewöhnliche Maß hinaus in Anspruch zu nehmen....."

Am 30. October schreibt er direct an Wollaston:

„Wenn ich Unrecht gethan habe, so war es ganz gegen meine Absicht, und der Vorwurf, daß ich unehrenhaft gehandelt hätte, ist unbegründet. Ich bin kühn genug, mein Herr, um eine Unterredung von wenigen Minuten, diesen Gegenstand betreffend, zu bitten; meine Gründe dazu sind: ich möchte mich rechtfertigen und Sie versichern, daß ich große Verpflichtungen gegen Sie zu haben fühle, daß ich Sie hochachte, daß ich um Alles die ungegründeten Voraussetzungen, die gegen mich sprechen, widerlegen möchte; und wenn ich Unrecht gethan habe, möchte ich Abbitte leisten."

Die Verständigung mit Wollaston muß eine vollständige gewesen sein; wenigstens war dieser der erste, welcher anderthalb Jahre später den Antrag stellte, Faraday zum Mitgliede der Royal Society, der ersten wissenschaftlichen Gesellschaft Englands, zu ernennen, und Faraday selbst sprach sich später rückhaltlos über Wollaston's Hochherzigkeit und Wohlwollen zu ihm aus. Andere, und besonders sein Lehrer Davy, haben sich nicht so leicht überzeugen lassen, und Faraday hatte den Schmerz, seine Candidatur für die Royal Society gerade von Davy auf das Heftigste bekämpft zu sehen. Schließlich aber legte sich der Sturm und seine Wahl erfolgte am 8. Januar 1824.

Noch eine andere Begegnung, aus dem Jahre 1835, zeigt uns, wie Faraday, wenn es nöthig war, seine Manneswürde zu wahren wußte. Die englische Regierung hatte ihm, in Anerkennung seiner großen Verdienste, ein Ehrengehalt zugedacht. Die Sache war ihm von Anfang an unsympathisch, und er hätte sie am liebsten zurückgewiesen. Er ließ sich aber umstimmen und so hatte er in dieser Angelegenheit eine Audienz bei dem Minister Lord Melbourne. Der letztere that dabei die ungeschickte Aeußerung, daß er derartige Pensionen hasse und sie für Humbug halte. Faraday brach darauf sofort die Unterredung ab; er gab jedoch noch am Abend desselben Tages auf Lord Melbourne's Bureau den folgenden Brief ab:

„An den sehr ehrenwerthen Lord Viscount Melbourne, Lordschatzmeister.

26. October.

„Mylord! Da die Unterredung, welche ich die Ehre hatte, mit Eurer Herrlichkeit zu führen, mir Gelegenheit gab, die Ansichten kennen zu lernen, welche Eure Lordschaft über Gelehrtenpensionen im Allgemeinen hegen, so fühle ich mich veranlaßt, eine derartige Begünstigung, welche Eure Lordschaft mir zudenkt, hiermit ehrfurchtsvoll abzulehnen: denn ich fühle, daß es keinerlei Genugthuung für mich wäre, aus Eurer Lordschaft Händen etwas zu empfangen, was unter der äußeren Form einer Anerkennung eine ganz andere, von Eurer Lord= schaft so nachdrücklich bezeichnete Bedeutung haben würde."

Den weiteren Verlauf der Sache schildert Tyndall mit folgenden Worten:

„Der gutmüthige Edelmann sah die Sache anfänglich als einen ausgezeichneten Scherz an, späterhin aber wurde er veranlaßt, sie ernster aufzufassen. Eine vortreffliche Dame, welche sowohl mit Faraday als mit dem Minister befreundet war, versuchte die Sache wieder ins Geleise zu bringen, allein sie fand es sehr schwer, Faraday aus der einmal angenommenen Stellung herauszubringen. Nach vielen erfolglosen Anstrengungen bat sie ihn, anzugeben, was er von Lord Melbourne verlangen würde, um seinen Entschluß zu ändern. Er erwiderte: ‚Ich würde einen Wunsch ausdrücken, dessen Gewährung ich weder erwarten, noch fordern kann, nämlich eine schriftliche Ent= schuldigung über die Ausdrücke, welche er sich mir gegenüber zu gebrauchen erlaubte.‘ Die verlangte Entschuldigung wurde aufrichtig und vollständig gegeben, und gereicht meiner An= sicht nach sowohl dem damaligen Premier als dem Gelehrten zur Ehre."

Ganz besonders wohlthuend berührt sein Verhältniß zu dem Prof. Tyndall, dem wir soviele pietätvolle Auf= zeichnungen über Faraday verdanken. Auch Tyndall ist einer der ausgezeichnetsten Naturforscher; er hat sich durch zahlreiche vortreffliche Arbeiten berühmt gemacht, u. a. durch eine Reihe vorzüglicher Untersuchungen über die Gletscher, die er auf mühsamen und oft ge= fahrvollen Expeditionen in den Hochalpen belauschte. Tyndall ist um viele Jahre jünger als Faraday; aber beide Männer schlossen eines jener innigen Freund=

schaftsbündnisse, wie sie die Geschichte nur in wenigen Fällen verzeichnet hat. Die folgenden Aufzeichnungen Tyndall's, welche aus diesem vertrauten Umgange hervorgegangen sind, mögen die vorstehende Skizze beschließen.

Von Faraday's äußerer Erscheinung schreibt Tyndall: „Ich habe Faraday bei meiner Rückkehr von Marburg im Jahre 1850 zum ersten Male gesehen...... Ich bemerkte sofort den Ausdruck von Freundlichkeit und Intelligenz, den seine Gesichtszüge auf das Wunderbarste wiedergaben. So lange er gesund war, dachte man nie an sein Alter; und blickte man in seine klaren, vor Heiterkeit strahlenden Augen, so vergaß man völlig sein graues Haar."

Faraday war von einfachen Gewohnheiten. Aber „es war — wie Tyndall sagt — keine Spur des Asketen in seiner Natur. Er zog den Wein und das Fleisch des Lebens den Heuschrecken und dem wilden Honig vor". Besonders empfänglich war er für das Glück der Freundschaft und die Liebe der Menschen. „Tyndall — sagte er einst — der süßeste Lohn für meine Arbeit ist die Sympathie und die Anerkennung, welche mir aus allen Theilen der Welt zufließen."

Aus der Zeit des Alters schreibt Tyndall:

„Um jene Zeit, ehe er sich die Ruhe gönnte, welcher er sich in den zwei letzten Lebensjahren hingab, schrieb er mit den folgenden Brief — einen der vielen unschätzbaren Briefe, welche jetzt vor mir liegen, worin sein damaliger Geisteszustand

beſſer geſchildert iſt, als dies eine andere Feder zu thun ver=
möchte. Ich war zuweilen in ſeiner Gegenwart wegen meiner
Unternehmungen in den Alpen getadelt worden, allein ſeine
Antwort lautete immer: ‚Laßt ihn nur gewähren, er wird ſich
ſchon in Acht zu nehmen wiſſen.' In dieſem Brief jedoch
kommt zum erſten Mal eine gewiſſe Aengſtlichkeit in Bezug
hieranf zum Vorſchein:

Hampton Court, 1. Aug. 1864. Lieber Tyndall! Ich
weiß nicht, ob mein Brief Sie erreichen wird, allein ich will
es immerhin wagen — obwohl ich mich recht wenig geeignet
fühle, mit Jemandem zu verkehren, deſſen Daſein ſo voll
Leben und Unternehmungsgeiſt iſt, wie das Ihrige. Allein
Ihr lieber Brief that mir kund, daß ich, obwohl ich ganz ver=
geßlich werde, doch nicht vergeſſen worden bin; und obwohl
ich nicht im Stande bin, am Schluſſe einer Zeile mich des
Anfangs derſelben zu erinnern, ſo werden doch dieſe unvoll=
kommenen Zeichen Ihnen den Sinn deſſen geben können, was
ich Ihnen zu ſagen wünſche. Wir hatten von Ihrer Krankheit
durch Miß Moore gehört, und ich war deshalb ſehr froh zu
erfahren, daß Sie wieder hergeſtellt ſind. Seien Sie aber nicht
allzu kühn, und ſetzen Sie Ihr Glück nicht in das Beſtehen oder
Aufſuchen von Gefahren. Zuweilen bin ich ganz müde, wenn
ich nur an Sie und an das, was Sie jetzt noch vornehmen,
denke; und dann tritt wieder eine Pauſe oder eine Aenderung
in den Bildern ein, allein ohne daß ich dabei zur Ruhe käme.
Ich weiß, daß dies in hohem Grade von meiner eigenen er=
ſchöpften Natur herrührt; und ich weiß nicht, warum ich dies
ſchreibe; während ich Ihnen ſchreibe, muß ich jedoch daran
denken und dieſe Gedanken verhindern mich, auf andere
Gegenſtände zu kommen. . ."

Und weiter:

„Es war mein Streben und mein Wunſch, die Stelle
Schiller's bei dieſem Goethe einzunehmen; und er war zu Zeiten

so freudig und kräftig, körperlich so rüstig und geistig so klar, daß mir oft der Gedanke kam, auch er werde, wie Goethe, den jüngeren Mann überleben. Das Schicksal wollte es anders, und jetzt lebt er nur noch in unser Aller Erinnerung. Aber wahrlich, kein Andenken könnte schöner sein. Geist und Herz waren gleich reich bei ihm. Die schönsten Züge, die der Apostel Paulus von einem Charakter entworfen hat, fanden bei ihm die vollkommenste Anwendung. Denn er war ohne Tadel, wachsam, mäßig, von gutem Betragen, geneigt zur Lehre und nicht dem irdischen Gewinn ergeben."

Erste Vorlesung.

Die Kerze. Ihre Flamme. Schmelzen des Brennstoffs. Kapillarität des Dochtes. Die Flamme ein brennender Dampf. Gestalt und Theile der Flamme. Der aufsteigende Luftstrom. Andere Flammen.

Die Naturgeschichte einer Kerze wählte ich schon bei einer früheren Gelegenheit zum Thema meines Vortrags, und stände die Wahl nur in meinem Belieben, so möchte ich dieses Thema wohl jedes Jahr zum Ausgang meiner Vorlesungen nehmen, so viel Interessantes, so mannigfache Wege zur Naturbetrachtung im Allgemeinen bietet dasselbe dar. Alle im Weltall wirkenden Gesetze treten darin zu Tage oder kommen dabei wenigstens in Betracht, und schwerlich möchte sich ein bequemeres Thor zum Eingang in das Studium der Natur finden lassen.

Vorweg möchte ich mir die Bitte an meine Zuhörer erlauben, bei aller Bedeutung unseres Gegenstandes und allem Ernst der wissenschaftlichen Behandlung desselben doch von den Aelteren unter uns abſehen zu dürfen und das Vorrecht zu beanſpruchen, als junger Mann zu jungen Leuten zu ſprechen, wie ich es früher bei ähnlicher Veranlaſſung gethan; und wenn ich mir auch bewußt bin, daß meine hier ge= ſprochenen Worte in weitere Kreiſe hinausdringen, ſo ſoll mich dies doch nicht abhalten, den früher gewohnten Familienton gegen die mir Nächſtſtehenden auch in den gegenwärtigen Vorleſungen anzuſchlagen.

Zuerſt muß ich Euch, meine lieben Knaben und Mädchen, wohl erzählen, woraus Kerzen verfertigt werden. Da lernen wir denn ganz ſonderbare Dinge kennen. Hier habe ich etwas Holz, Baumzweige, deren leichte Brennbarkeit Euch ja bekannt iſt — und hier ſeht Ihr ein Stückchen von einem ſehr merk= würdigen Stoffe, der in einigen Moor=Sümpfen Ir= lands gefunden wird, ſogenanntes „Kerzenholz”; es iſt dies ein vorzüglich hartes, feſtes Holz, als Nutzholz vortrefflich verwendbar, da es ſich ſehr dauerhaft zeigt, bei alledem aber ſo leicht brennend, daß man an ſeinen Fundorten Spähne und Fackeln daraus ſchneidet, die wie Kerzen brennen und wirklich ausgezeichnetes Licht geben, ſo daß wir hierin die natürlichſte Kerze, eigentlich eine Naturkerze vor uns ſehen.

Wir haben hier indeß beſonders von Kerzen zu ſprechen, wie ſie im Handel vorkommen. Hier ſind zunächſt etliche ſogenannte gezogene Lichte. Die= ſelben werden auf folgende Weiſe verfertigt: baum= wollene Schnüre werden mit einer Schlinge an einem

Stab aufgehängt, in geschmolzenen Talg eingetaucht,
herausgezogen und abgekühlt, dann wieder eingetaucht,
und dieses Verfahren so lange fortgesetzt, bis eine
genügende Menge Talg rings um den baumwollenen
Docht hängen geblieben ist, und so die Kerze die ge=
wünschte Dicke erhalten hat. Die große Verschieden=
artigkeit der Kerzen könnt Ihr recht deutlich an denen
sehen, welche ich hier in der Hand halte; diese sind
auffällig dünn, sie wurden ehedem von den Bergleuten
in den Kohlenbergwerken gebraucht. In früheren Zeiten
mußte sich der Bergmann seine Kerzen selbst verfertigen;
aus Sparsamkeit nun, besonders aber wol, weil man
der Meinung war, die Grubengase würden von einer
kleinen Flamme nicht so rasch entzündet wie von einer
großen, machte man die Kerzen so dünn, daß 20, 30,
40, ja 60 auf das Pfund gingen. Statt ihrer kamen
die Davy'sche und verschiedene andere Sicherheits=
lampen in Gebrauch. — Hier seht Ihr dagegen eine
Kerze, welche Oberst Pasley aus dem untergegangenen
Schiff Royal=George entnommen hat. Viele Jahre
lang auf dem Meeresgrund der Einwirkung des See=
wassers ausgesetzt, überdies geschunden und zerknickt,
zeigt sie uns, wie gut sich eine Kerze conserviren kann;
denn angezündet brennt sie, wie Ihr hier seht, ganz
gleichmäßig fort, und der schmelzende Talg bewährt sich
völlig in seinen ursprünglichen Eigenschaften.

Herr Field in Lambeth hat mir viele sehr gute
Zeichnungen und Materialien aus der Kerzenfabrikation

3*

zugestellt, mit denen ich Euch bekannt machen werde.
Hier zunächst ist Nierenfett, Rindertalg, ich glaube
russischer Talg, aus dem die gezogenen Lichte gemacht
werden. Dieser Talg wird nach einem von Gay=
Lussac herrührenden Verfahren in die schöne Sub=
stanz verwandelt, die Ihr daneben liegen seht. Ihr
wißt, daß unsere jetzigen Kerzen nicht so beschmutzend
absetzen, wie diese Talglichter, sondern ganz sauber
sind, und daß man herabgefallene Tropfen abkratzen
und pulverisiren kann, ohne zu beschmutzen. Das
Verfahren ist folgendes: Der Talg wird zuerst mit
gelöschtem Kalk gekocht, wodurch eine Art Seife ge=
bildet wird; diese Seife wird dann durch Schwefelsäure
zersetzt, welche den Kalk fortnimmt und das veränderte
Fett als Stearinsäure zurückläßt. Zugleich wird et=
was Glycerin, eine syrupartige Flüssigkeit, gebildet.
Durch Auspressen wird sodann alles Oelige entfernt,
und Ihr seht hier einige Preßkuchen, an denen sich
zeigt, daß die Unreinigkeiten je nach der Stärke des
Druckes allmählich mehr und mehr entfernt werden; die
zurückgebliebene Masse wird nun geschmolzen und zu
Kerzen gegossen, wie sie hier vor uns liegen. Die
Kerze, welche ich hier in der Hand habe, ist eine auf
dem beschriebenen Wege hergestellte Stearin=Kerze.
Daneben habe ich eine Wallrath=Kerze, aus dem
gereinigten Fett des Pottfisches verfertigt; ferner seht
Ihr hier gelbes und weißes Wachs, woraus Kerzen
gemacht werden; hier eine merkwürdige Substanz, das

aus irischen Sümpfen gewonnene Paraffin*), so wie
einige Paraffinkerzen, und endlich hier noch eine Sub=
stanz, die aus Japan bei uns eingeführt wird, seitdem
wir den Zugang zu diesem fernen Lande erzwungen
haben, eine Art Wachs, welches mir ein guter Freund
gesandt hat, und welches ein neues Material für die
Kerzenfabrikation bildet.

Wie werden nun diese Kerzen verfertigt? Soeben
habe ich Euch von gezogenen Lichten erzählt und
will Euch nun auch sagen, wie die gegossenen ge=
macht werden. Nehmen wir an, irgend eine dieser
Kerzen bestehe aus einem Material, das gegossen werden
kann. „Gegossen,“ sagt Ihr. „Nun, eine Kerze ist
doch ein Ding, das schmilzt, und was sich schmelzen
läßt, das läßt sich doch wohl auch gießen.“ Durchaus
nicht! Es ist gar merkwürdig, wie sich im Verlauf
der praktischen Arbeit Hindernisse in den Weg stellen,
die man vorher durchaus nicht erwartete. Es kann
nicht jede Art Kerzen gegossen werden. So ist z. B.

---

*) Das Paraffin für die Kerzenfabrikation wird jetzt aus
Braunkohlen, gewissen Arten sehr fetter Steinkohlen, aus so
genannten bituminösen, d. h. von organischen Stoffen durch=
setzten Schiefern und ähnlichen Rohstoffen gewonnen, indem man
dieselben in geschlossenen Gefäßen stark erhitzt. Dadurch erhält
man Leuchtgas, Theer, Kokes und andere Producte; das Paraffin
wird dann aus dem Theer durch weitere Verarbeitung ge=
wonnen. Auch bei der Reinigung des Petroleums erhält man
Paraffin als Nebenproduct.

das Wachs, eine Substanz, die sehr gut brennt und in einem Lichte zwar leicht schmilzt, aber doch nicht gegossen werden kann; ich werde nachher die Fabrikation der Wachskerzen kurz angeben, jetzt aber zunächst bei den Materialien verweilen, die sich gießen lassen.

Hier ist ein Rahmen mit einigen Gießformen, in die zunächst der Docht eingefügt wird. Hier habe ich einen geflochtenen Docht, der nicht geputzt zu werden braucht, an einem kleinen Draht hängen; er reicht bis unten hinab, wo er angepflöckt wird, so daß das Pflöckchen ihn zugleich straff hält und die untere Oeffnung völlig schließt, damit nichts Flüssiges hindurch kann. Oben hat die Form einen Quersteg, der den Docht richtig in der Mitte gespannt hält. Nun werden die Formen mit der geschmolzenen Talgmasse vollgegossen. Nach dem Erkalten der Formen wird der oben überstehende Talg glatt abgeputzt und die Enden des Dochtes abgeschnitten, so daß jetzt nur die Kerzen in den Formen bleiben, und um sie heraus zu bekommen, braucht man diese nur umzudrehen, wie ich's hier thue. Die Formen sind nämlich kegelförmig, d. h. oben enger als unten, und da die Kerzen beim Erkalten sich noch dazu ein wenig zusammenziehen, so fallen sie schon bei geringem Schütteln heraus.

Ganz ebenso werden auch die Stearin = und Paraffin=Kerzen gemacht.

Eigenthümlich ist die Fabrikation der Wachs=kerzen. Baumwollene Dochte werden, wie Ihr es

hier seht, an einen Rahmen aufgehängt und ihre Enden
mit Metallhütchen bedeckt, damit sie von Wachs frei
bleiben. Sie werden in die Nähe des Ofens gebracht,
in welchem das Wachs geschmolzen wird. Wie Ihr
seht, kann das Gestell gedreht werden, und letzteres
geschieht, während ein Arbeiter das geschmolzene Wachs
an einem Docht nach dem andern hinabgießt; die so
gebildete erste Schicht um den Docht herum wird nach
dem Erstarren mit einer zweiten überzogen und so
lange auf diese Weise fortgefahren, bis die Kerzen die
gewünschte Dicke erlangt haben; alsdann werden sie
abgenommen und auf einer polirten Steinplatte glatt
gerollt, die Enden beschnitten und abgeputzt. Die
Arbeiter erlangen dabei eine solche Fertigkeit, daß
genau vier oder sechs Kerzen, oder wie viel eben
verlangt werden, auf das Pfund gehen.

Ich will beiläufig auch einen Luxus erwähnen,
der in der Kerzenfabrikation getrieben wird, theils in
Farben, theils in Formen. Seht, wie wunderschön
diese Kerzen hier gefärbt sind! Malvenblau, Magenta
und alle die neu erfundenen prächtigen Farben sind
hier zur Verschönerung verwendet. In dieser Kerze
hier zeigt sich in wundervoller Form eine gekehlte
Säule, und hier habe ich mit bunten Blumen schön
bemalte Kerzen, die angezündet oben eine strahlende
Sonne und darunter einen blühenden Garten darstellen.
Indeß, nicht alles Schöne ist auch nützlich, und diese
gekehlten Kerzen z. B. sind bei ihrem schönen Ansehen

doch schlechte Kerzen, und zwar gerade infolge ihrer
äußern Form; durch dergleichen Verfeinerungen wird
meistens die Brauchbarkeit beeinträchtigt. Indeß wollte
ich Euch auch diese Kerzen, welche mir gute Freunde
von allen Seiten sandten, zeigen, damit Ihr sehen
könnt, was auch in dieser Hinsicht geleistet wird. Aber,
wie ich sagte, wenn wir diese Verfeinerungen wollen,
so müssen wir einigermaßen die Zweckmäßigkeit opfern.

Ich wende mich nunmehr zu unserem eigentlichen
Thema, zunächst zur Flamme der Kerze. Wir wollen
eine oder zwei anzünden und so in Ausübung ihrer
eigenthümlichen Functionen setzen. Ihr bemerkt, wie
ganz verschieden eine Kerze von einer Lampe ist. Bei
einer Lampe hat man den mit Oel gefüllten Behälter,
in welchen der aus Moos oder Baumwolle bereitete
Docht gebracht wird; das Dochtende zündet man an,
und wenn die Flamme bis zum Oel hinabgekommen,
verlöscht sie dort, brennt aber in dem höher gelegenen
Theile des Dochtes fort. Nun werdet Ihr unzweifelhaft fragen, wie es kommt, daß das Oel, welches für
sich nicht brennen will, zur Spitze des Dochtes gelangt, wo es brennt; wir werden das sogleich untersuchen. Aber bei dem Brennen einer Kerze geschieht
noch etwas weit Merkwürdigeres. Hier haben wir eine
feste Masse, die keinen Behälter braucht — wie kann
wohl diese Masse da hinaufgelangen, wo wir die
Flamme sehen, da sie doch nicht flüssig ist? Oder,
wenn sie in eine Flüssigkeit verwandelt ist, wie kann

sie dabei doch in festem Zusammenhalt bleiben? Wahr=
lich ein merkwürdig Ding, so eine Kerze!

Wir haben hier einen starken Luftzug, der uns
bei manchen Experimenten förderlich ist, bei anderen
aber schädlich sein kann. Um darin eine Regelmäßig=
keit zu erlangen und die Sache zu vereinfachen, werde
ich eine ganz ruhige Flamme herstellen; denn wie kann
man einen Gegenstand untersuchen, wenn Nebenum=
stände in den Weg treten, die gar nicht zu demselben
gehören? Hier können wir von den Marktweibern lernen,
die des Abends auf offner Straße feilhalten. Ich habe
das oft bewundert. Sie umgeben das Licht mit einem
Cylinder, der von einer Art Galerie getragen wird,
welche die Kerze umklammert und nach Bedürfniß höher
oder niedriger gestellt werden kann. Mittelst dieses Cy=
linders erhält man eine beständige Flamme, die man
genau betrachten und sorgsam untersuchen kann, wie
Ihr es hoffentlich zu Hause thun werdet.

Da bemerken wir denn zunächst, wie die oberste
Schicht der Kerze gleich unter der Flamme sich einsenkt
zu einer hübschen Schale. Die zur Kerze gelangende
Luft nämlich steigt infolge der Strömung, welche die
Flammenhitze bewirkt, nach oben und kühlt dadurch
den Mantel der Kerze ab, also daß der Rand des
Schälchens kühler bleibt und weniger einschmilzt als
die Mitte, während auf diese die Flamme am meisten
einwirkt, da sie so weit als möglich am Docht herab=
zulaufen strebt. So lange die Luft von allen Seiten

gleichmäßig zuströmt, bleibt unser Schälchen vollkommen
wagrecht, sodaß die darin schwimmende geschmolzene
Kerzenmasse ebenfalls wagrecht darin stehen bleiben
muß; stelle ich aber einen seitlichen Luftstrom her, so
wird alsbald das Schälchen schief und läuft die flüssige
Masse an der Seite herab — jenes wie dieses nach
demselben Gesetz der Schwere, welches die Welten
treibt und zusammenhält. Ihr seht also, daß die
Schale durch den gleichmäßig aufsteigenden Luftstrom
gebildet wird, welcher das Aeußere der Kerze von allen
Seiten umspielt und es dadurch kalt hält. Nur solche
Stoffe können zu Kerzen verwendet werden, welche die
Eigenschaft besitzen, beim Brennen ein derartiges Schäl=
chen zu bilden. Ausgenommen von dieser Regel ist das
vorhin gezeigte irische Kerzenholz, welches selbst gleich
einem Schwamm seinen eigenen Brennstoff festhält. Ihr
könnt Euch nun auch selbst erklären, weshalb ich von
der praktischen Brauchbarkeit dieser schön geformten gekehl=
ten Kerzen so ungünstig sprach; bei ihnen kann ja das
Schälchen nicht den vollkommenen Rand haben, sondern
muß abwechselnd Hebung und Einsenkung erhalten.
Diese schön aussehenden Kerzen brennen schlecht, sie
träufeln ab, weil durch die Unebenheit des Mantels
die Gleichmäßigkeit des Luftstromes gestört und dadurch
wieder die regelmäßige Form des Schälchens verhindert
wird. Also nicht auf schönes Aussehen, sondern auf
praktische Brauchbarkeit kommt es hier an.

Wir können hier einige hübsche Beispiele für die

Wirkung des aufsteigenden Luftstroms beobachten, die Ihr Euch wohl merken könnt. Hier ist ein wenig Abgeträufeltes an der Seite der Kerze herabgeflossen und hat sie da etwas dicker gemacht als an anderen Stellen; während nun die Kerze ruhig weiter herabbrennt, bleibt jenes an seiner Stelle und bildet eine kleine, über den Rand der Schale hervorragende Säule; da es immer höher zu stehen kommt als das übrige Wachs und weiter von der Mitte entfernt ist, so kann die Luft besser dazu gelangen, es also auch mehr abkühlen und somit geeigneter machen, der Einwirkung der Hitze in so kleiner Entfernung zu widerstehen. So führen, wie in vielen anderen Fällen, auch bei unserer Kerze selbst Mißgriffe und Fehler zu unserer Belehrung, die wir auf anderem Wege vielleicht schwerlich erlangt hätten. Wir werden so unwillkürlich zu Naturforschern; und ich hoffe, Ihr werdet immer daran denken, daß Ihr bei jedem Vorgange, besonders wenn er Euch neu ist, fragen solltet: „Was ist die Ursache? Wie geht das zu?" und im Laufe der Zeit werdet Ihr den Grund finden.

Eine andere Frage, welche eine Antwort erfordert, ist: Wie gelangt der Brennstoff der Kerze aus dem Schälchen den Docht hinauf an den Verbrennungsort? Ihr wißt, daß bei Wachs=, Stearin=, Wallrathkerzen die Flamme am brennenden Docht nicht herunterläuft zum Brennstoff und diesen ganz fortschmilzt, sondern daß sie an ihrem Platze oben bleibt, getrennt von

dem Flüssigen darunter und ohne sich an dem Rand
der Schale zu vergreifen. Ich kann mir kein schöneres
Beispiel von Anpassung denken: um die beste Wirkung
hervorzubringen, ist in der Kerze jeder Theil dem
andern dienstbar. Es ist mir ein wundervoller An-
blick, diesen brennbaren Stoff so allmählich abbrennen
zu sehen, ohne je von der Flamme ergriffen zu werden,
zumal wenn man dabei erwägt, welche Kraft der
Flamme innewohnt, das Wachs zu zerstören, wenn sie
ihm zu nahe kommt.

Wie aber erfaßt nun die Flamme den Brennstoff?
Durch kapillare Anziehung! „Kapillare Anziehung?" fragt Ihr. „Haarröhrchen-Anziehung?"
Nun, der Name thut nichts zur Sache — man hat
ihn zu Zeiten gegeben, wo man noch gar kein rechtes
Verständniß von der Kraft hatte, die er bezeichnen
sollte. Die Wirkung dieser sogenannten Kapillaran-
ziehung ist, daß der Brennstoff an den Verbrennungsort hingeleitet und abgesetzt wird, und zwar nicht von
ungefähr, sondern hübsch ordentlich grade in die Mitte
des Herdes, auf dem der Prozeß vor sich geht.

Um Euch den Vorgang deutlicher zu machen, will
ich etliche Beispiele von kapillarer Attraction anführen.
Vermöge dieser Kraft können zwei Körper, die nicht
in einander übergehen, doch an einander haften.
Wenn Ihr Euch z. B. die Hände waschen wollt, so
macht Ihr sie ganz und gar naß, und findet, daß sie
auch naß bleiben. Dies wird durch die Art der An-

ziehung bewirkt, von welcher ich hier spreche. Ferner,
wenn Eure Hände nicht schmutzig sind — was sie
freilich bei den gewöhnlichen Verrichtungen meistens
sein werden —, und Ihr steckt also einen reinen Finger
in warmes Wasser, so werdet Ihr bei ganz sorgfälti=
gem Hinsehen bemerken, wie das Wasser höher, als
es im Gefäß steht, an dem Finger emporkriecht. Hier
habe ich auf dem Teller eine ganz poröse Substanz,

Fig. 1.

eine Salzsäule, und auf den Boden des Tellers gieße
ich nicht etwa, wie es Euch scheinen möchte, reines
Wasser, sondern eine gesättigte Salzlösung, die gar
nichts mehr auflösen kann, so daß die Erscheinung, die
Ihr beobachten werdet, also unmöglich auf fernerem
Lösen der Bestandtheile der Salzsäule beruhen kann.
Nehmen wir an, der Teller sei die Kerze, die Salz=
säule der Docht und diese Lösung das geschmolzene

Wachs. Damit Ihr den Vorgang besser beobachten könnt, habe ich die Lösung blau gefärbt. Ich gieße sie nun in den Teller, und Ihr seht, wie sie in dem Salz nach und nach emporsteigt, wie sie höher und höher hinaufkriecht, und sie wird sicherlich bis zur Spitze gelangen, wenn die Säule inzwischen nicht etwa umfällt. Wäre diese blaue Lösung eine brennbare Flüssigkeit, so würde sie — wenn in die Spitze der Säule ein Docht eingesetzt wäre — beim Eintritt in diesen sich anzünden lassen. Es ist gewiß höchst interessant, einen derartigen Vorgang mit all seinen eigenthümlichen Umständen zu beobachten. — Wie Ihr nach dem Händewaschen ein Handtuch nehmt, das die Nässe von den Händen aufsaugt, so saugt der Docht infolge derselben Attraction das Wachs, Stearin rc. in sich hinein und bis zur Flamme hinauf.

Ich kannte einige unordentliche Kinder (indeß passirt so etwas manchmal auch ordentlichen Leuten), die nach dem Abtrocknen der Hände das Handtuch nachlässig über den Waschbeckenrand hinwarfen; nach kurzer Zeit hatte das Tuch alles Wasser aus dem Becken auf die Dielen geleitet, weil es zufällig so auf den Rand zu liegen gekommen war, daß es als Heber wirken konnte. Damit Ihr deutlicher seht, in welcher Weise dergleichen Wirkungen der Körper auf einander vor sich gehen, habe ich hier ein Gefäß aus engmaschigem Drahtnetz mit Wasser angefüllt, das Ihr in seinem Verhalten mit Watte oder mit einem Stück Kattun vergleichen könnt, und man hat auch wirklich Dochte, die aus einem derartigen Drahtgewebe angefertigt sind. Ihr seht, das Gefäß ist porös; denn wenn ich oben etwas Wasser hineingieße, so läuft es unten gleich wieder heraus; es ist aber auch voll Wasser, und doch sieht man das Wasser zu gleicher Zeit hinein- und herausfließen, als ob es leer wäre. Ihr würdet wohl in Verlegenheit kommen, wenn Ihr dieses auffällige Verhalten meines Gefäßes erklären solltet.

Der Grund ist folgender: Die einmal naß ge= wordenen Fäden des Netzes bleiben naß, und da die Maschen sehr eng sind, so wird das Wasser von der einen zur andern Seite so kräftig hingezogen und auf diese Weise festgehalten, daß es nicht entrinnen kann, wiewohl das Gefäß an sich porös ist. In gleicher Weise nun steigen beim Brennen die geschmolzenen Wachstheilchen im Docht empor und gelangen in die Spitze; andere Theilchen wandern infolge ihrer gegen= seitigen Anziehung ihnen nach, und die einen nach den andern werden, wie sie nach und nach in die Flamme eintreten, so von dieser verzehrt.

Noch ein anderes Beispiel. Hier seht Ihr ein Stückchen Spanischrohr. Daß ein solches in seiner Längsrichtung durchgehende Kanäle hat, also Kapillari= tät besitzt, kann man gelegentlich auf der Straße an Jungen sehen, die gern wie Männer aussehen möchten: sie zünden ein solches Stück an einem Ende an und rauchen es, als wär's eine Cigarre. Stelle ich nun dieses Stück Rohr auf einen Teller, worauf sich etwas Benzin befindet (eine Flüssigkeit, die in ihren allgemeinen Eigenschaften dem Paraffin ähnlich ist), so wird dieses genau auf die Weise, wie soeben die blaue Lösung in der Salzsäule, in dem Rohr emporsteigen; und zwar muß alles nach oben, da sich seitlich keine Poren finden, sodaß es sich in dieser Richtung nicht bewegen kann. Seht, da ist das Benzin schon in der Spitze angelangt, und da es leicht brennbar ist, kann ich es anzünden und als Kerze gebrauchen.

Der einzige Grund nun, weshalb eine Kerze nicht ohne Weiteres längs des Dochtes herabbrennt, liegt darin, daß geschmolzener Talg die Flamme auslöscht. Ihr wißt, daß eine Kerze sofort ausgeht, wenn man sie umdreht, so daß der geschmolzene Brennstoff im Docht zur Spitze hinfließen kann. Es kommt dies daher, daß die Flamme nicht Zeit genug hat, den jetzt in größerer Menge schmelzenden Brennstoff gehörig zu erhitzen, wie sie es von oben thut, wo nur kleinere Quantitäten nach und nach schmelzen, im Docht aufsteigen und die Hitze ihre volle Wirkung auf dieselben ausüben kann.

Wir gelangen jetzt zu einem sehr wichtigen Punkt in unserer Betrachtung, ohne dessen eingehende Erörterung Ihr nicht im Stande wäret, den Vorgang in der Kerzenflamme vollkommen zu verstehen; ich meine den gasförmigen Zustand des Brennstoffs. Damit Ihr mich recht versteht, will ich Euch ein ebenso niedliches wie einfaches Ex-

periment zeigen. Wenn Ihr eine Kerzenflamme vorsich=
tig ausblast, seht Ihr Dämpfe davon emporsteigen; Ihr
habt sicherlich schon oft den Dampf einer ausgeblasenen
Kerze gerochen — es ist ein sehr unangenehmer Geruch.
Geschieht aber, wie ich sagte, das Ausblasen recht vor=
sichtig, so kann man ganz deutlich den Dampf sehen,
in welchen sich die feste Masse der Kerze verwandelt

Fig. 2.

hat. Ich werde jetzt eine dieser Kerzen so ausblasen,
daß die Luft ringsherum dabei nicht bewegt wird, näm=
lich mit Hilfe beständig anhaltender Einwirkung meines
Athems; und wenn ich nun einen brennenden Span
dem Docht auf 2 bis 3 Zoll nähere, so bemerkt Ihr
einen Feuerschein, der durch den Dampf hindurchzuckt,
bis er zur Kerze gelangt. Mit all dem muß ich sehr
rasch fertig werden, weil sich der Dampf, wenn ich

ihm Zeit zum Abkühlen lasse, in flüssiger oder fester Form verdichtet, oder der Strom entzündbarer Substanz sich zerstreut.

Jetzt kommen wir zu Umriß und Gestalt der Flamme. Es ist von Wichtigkeit für uns, den Zustand

kennen zu lernen, in welchem sich die Kerzenmasse zuletzt an der Spitze des Dochtes befindet, wo sich in der Flamme ein Glanz und eine Schönheit zeigt, wie sie bei keinem anderen Vorgang zu beobachten ist. Ihr kennt die glänzende Schönheit des Goldes und des Silbers, das noch hellere Schimmern und Glitzern der Edelsteine, wie Rubin und Dia= mant — aber nichts von alledem kommt dem Glanz und der Schönheit einer Flamme gleich. Welcher Dia= mant kann leuchten wie die Flamme? Er verdankt seinen Glanz zur Nacht= zeit nur eben dieser Flamme, die ihn beleuchtet. Die Flamme erhellt die Finsterniß — das Licht des Diaman=

Fig. 3.

ten aber ist ein Nichts, es ist erst da, wenn der Strahl einer Flamme auf ihn fällt. Die Kerze allein leuchtet durch sich selbst und für sich selbst, oder für Die, welche ihre Bestandtheile zu einander geordnet haben!

Betrachten wir nun etwas näher die Gestalt der

Flamme, wie sie sich hier unter dem Glascylinder zeigt!
Sie ist beständig und gleichmäßig, und hat im Allgemeinen
die Form, welche in vorliegender Zeichnung wiedergegeben
ist, die sich aber je nach den Einwirkungen der Luft und
nach der Größe der Kerze mannigfach ändert. Sie
bildet einen unten abgerundeten Kegel, oben heller als
unten, den Docht in der Mitte. Unten, in der Nähe
des Dochtes, unterscheidet man deutlich einen dunkle=
ren Theil, in welchem die Verbrennung noch nicht
so vollständig ist als in den höheren Partien. Ich
habe hier die Zeichnung einer Flamme, die schon
vor vielen Jahren Hooker angefertigt hat, als er
seine Untersuchungen ausführte. Sie stellt eine Lampen=
flamme dar, aber sie paßt auch auf die Kerzenflamme;
das Oelgefäß vertritt das Schälchen der Kerze, das Oel
das geschmolzene Material der Kerze und der Docht ist
ja beiden gemeinsam. Auf dem letzteren hatte er das
Flämmchen abgebildet und dann in der Umgebung des
letzteren ganz richtig eine Schicht dargestellt, die man aber
nicht sehen kann, und von der Ihr nichts wissen werdet,
wenn Ihr nicht schon früher hier waret, oder sonst
mit der Sache vertraut seid. Er hat hier die um=
gebende Luft dargestellt, welche sehr wesentlich für die
Flamme ist und sich stets in ihrer Nähe befindet. Hier
hat er ferner den Luftstrom angedeutet, der die Flamme
emporzieht; denn die Flamme die Ihr hier seht, wird
wirklich durch den Luftstrom hinaufgezogen, und zwar
zu einer bedeutenden Höhe; gerade wie es Hooker

4*

hier durch die Verlängerung des Luftstromes in der Zeichnung dargestellt hat. Man kann sich davon am besten überzeugen, wenn man eine brennende Kerze in die Sonne stellt und ihren Schatten auf weißes Papier fallen läßt. Es ist doch merkwürdig, daß eine Flamme,

die selbst leuchtend genug ist, um andere Körper Schatten werfen zu lassen, auch selbst einen Schatten werfen kann. Dabei sieht man deutlich, wie etwas um die Flamme herumströmt, das kein Theil der Flamme selbst ist, sondern neben ihr aufsteigt und sie mit sich emporzieht. Ich werde jetzt das Sonnenlicht nachahmen, indem ich diese Volta'sche Säule mit einer electrischen Lampe in Verbindung setze. Hier seht unsere selbstgeschaffene Sonne und ihre große Lichtfülle! Wenn ich nun zwischen sie und diesen Schirm eine Kerze stelle, so erhalten wie hier den Schatten der Flamme. Ihr unterscheidet deutlich den Schatten

Fig. 4.

der Kerze und des Dochtes; dann hier den dunklen Theil, wie er auch in Hooker's Zeichnung dargestellt ist, dann eine hellere Partie. Es ist merkwürdig, daß wir den Theil der Flamme im Schatten als den dunkelsten sehen, der in Wirklichkeit der hellste ist. Hier endlich zeigt

sich, gleichfalls mit Hooker's Zeichnung übereinstim=
mend, der aufsteigende Luftstrom, der die Flamme
nährt, sie mit sich emporzieht und den Rand des Brenn=
schälchens abkühlt.

Ich kann Euch hier durch einen anderen Versuch
zeigen wie die Flamme je nach der Richtung des Luft=
stroms steigt oder sinkt. An dieser Flamme beabsich=
tige ich, den aufsteigenden Luftstrom in einen absteigenden

Fig. 5.

umzuwandeln, was ich mit Hilfe des kleinen Apparates,
der hier vor mir steht, leicht ausführen kann. Die
Flamme ist, wie Ihr seht, keine Kerzenflamme, son=
dern eine Alkoholflamme, welche keinen Rauch erzeugt;
aber Ihr werdet ohne Zweifel das Gemeinsame mit
der Kerzenflamme genügend erkennen, um beide mit
einander zu vergleichen. Da die Flamme an sich zu
schwach leuchtet, als daß Ihr ihre Richtung genau

verfolgen könntet, so werde ich sie durch einen anderen
Stoff färben. Ich zünde nun den Spiritus an, und
frei in der Luft gehalten, steigt die Flamme naturgemäß
aufwärts, wie es jede Flamme unter gewöhnlichen Um=
ständen zufolge des die Verbrennung unterhaltenden
Luftstroms thun muß, was Ihr ja nun genau versteht.
Jetzt aber seht Ihr, daß ich die Flamme durch Nieder=
blasen in diesen kleinen Schornstein abwärts zu gehen
nöthigen kann, indem ich so die Richtung der Strömung
umkehre. Vor Abschluß dieser Vorlesungen werde ich
Euch eine Lampe vorzeigen, in welcher die Flamme
nach oben und der Rauch nach unten, oder der Rauch
nach oben und die Flamme nach unten geht. Ihr
seht also, daß wir es auf diese Weise in der Gewalt
haben, der Flamme verschiedene Richtungen anzuweisen.

Nun muß ich Eure Aufmerksamkeit auf einige
andere Punkte lenken. Viele der hier brennenden
Flammen weichen in ihrer Form bedeutend von einan=
der ab, und zwar wiederum infolge der Luftströme,
die sie in verschiedenen Richtungen umwehen. Anderer=
seits aber können wir auch Flammen herstellen, die
wie feste Körper stehen bleiben, sodaß wir sie bequem
photographiren können — und letzteres müssen wir
auch wirklich thun, um noch mancherlei daran zu unter=
suchen. Das ist aber nicht das Einzige, was ich zu
erwähnen wünsche. Nehme ich eine hinlänglich große
Flamme, so behält sie nicht die gleichmäßige bestimmte
Gestalt, sondern sie verzweigt sich mit einer ganz

wunderbaren Kraft. Um dies zu zeigen, benutze ich einen
anderen Brennstoff, der mir das Wachs oder den Talg
der Kerze ersetzen soll. Ich habe hier einen großen
Baumwollenballen, welcher als Docht dienen mag.
Jetzt, nachdem ich ihn in Spiritus getaucht und entzündet habe — worin unterscheidet er sich von einer gewöhnlichen Kerze? Nun, sehr bedeutend in der Lebhaftigkeit und Gewalt des Brennens, wie wir es an einer
Kerzenflamme niemals beobachten können.   Seht, wie
die schönen Zungen fort und fort in die Höhe schlagen!
Die Richtung der Flamme ist dieselbe, von unten nach
oben; was man aber in keinem Fall bei einer Kerze
wahrnimmt, ist dieses merkwürdige Zerreißen in einzelne
Zacken und Spitzen, diese lebhaft hervorleckenden Zungen.
Woher kommt das? Ich muß es Euch erklären; denn
wenn Ihr das vollkommen versteht, werdet Ihr besser
im Stande sein, mir genau bei dem zu folgen, was
ich später noch zu sagen habe.   Ich glaube, mancher
von Euch hat das Experiment selbst schon gemacht,
das ich Euch zeigen will.   Gewiß haben Viele von
Euch sich schon am Snapdragon ergötzt, welches Spiel
im Wesentlichen darin besteht, im Dunkeln Branntwein
über Rosinen oder Pflaumen in einer Tasse abbrennen
zu lassen.   Ich kenne keine schönere Erläuterung zu
diesem Theil unseres Gegenstandes, als jenes Spiel.
Hier habe ich zunächst eine Schale und bemerke dabei,
daß man, um ein recht schönes Snapdragon zu bekommen, eine vorher gut erwärmte Schale nehmen

muß; auch ſollte man die Pflaumen und den Brannt=
wein vorher erwärmen.

Wie wir bei einer Kerze oben das Schälchen und
darin den geſchmolzenen Brennſtoff haben, ſo hier die
Schale mit dem Spiritus darin, während der Docht
hier von den Roſinen vertreten wird. Ich zünde jetzt
den Spiritus an, und Ihr ſeht nun die wundervollen
Flammenzungen emporſchlagen; Ihr ſeht, wie die Luft
über den Schalenrand hineinſteigt und dieſe Zungen

Fig. 6.

emportreibt. Wie ſo? Nun, bei der Heftigkeit der
Luftſtrömung und der Unregelmäßigkeit des Vorganges
kann die Flamme nicht in einem Zuge gleichmäßig
emporſteigen. Die Luft fließt ſo unregelmäßig in die
Schale hinein, daß Ihr das, was ſich ſonſt als ein=
heitliches Bild darſtellen würde, in eine Menge ver=
ſchiedener Geſtaltungen zerriſſen ſeht, von denen jede
ihre eigene unabhängige Exiſtenz beſitzt. Ich möchte
faſt ſagen, wir ſähen hier eine Anzahl einzeln für ſich

bestehender Kerzen vor uns. Aber Ihr müßt Euch
nicht vorstellen, daß, weil man alle diese Zungen auf
einmal sieht, ihr Gesammtbild die eigenthümliche Ge=
stalt der Flamme darstelle. Niemals hat ein Flammen=
körper der Art, wie wir ihn von dem Ball sich er=
heben sahen, eigentlich die Form, wie sie uns da er=
schien. Es ist eine Menge von Formen, die so rasch
auf einander folgen, daß das Auge sie nicht einzeln
zu fassen im Stande ist, sondern den Eindruck von
allen gleichzeitig empfängt. Ich habe früher absichtlich
eine Flamme von so allgemeinem Charakter besprochen,
und in der hier vorliegenden Zeichnung seht Ihr ein=
zelne Gruppen, aus denen sie zusammengesetzt ist; sie
sind nicht alle zugleich vorhanden; bei der so raschen
Aufeinanderfolge der verschiedenen Gestaltungen scheint
es uns nur so.

Es thut mir leid, daß wir heute nicht weiter als
zu meinem Snapdragon=Spiel gekommen sind. Es
soll mir aber für die Zukunft eine Mahnung sein,
mich strenger an die Sache zu halten, und Eure Zeit
nicht so sehr mit dergleichen Ausschmückungen in An=
spruch zu nehmen.

Zweite Vorlesung.

Nähere Untersuchung der brennbaren Dämpfe in der Flamme. Vertheilung der Hitze in der Flamme. Bedeutung der Luft. Unvollständige Verbrennung; Rußen der Flamme. Verbrennung ohne Flamme (Eisen). Das Leuchten der Flamme. Kohle in der Kerzenflamme. Verbrennungsproducte.

Bei unserem ersten Zusammensein haben wir uns zunächst damit beschäftigt, die Eigenschaften und das Verhalten des geschmolzenen Theils an der Kerze im Allgemeinen kennen zu lernen, und uns über den Weg unterrichtet, auf dem er zum Verbrennungsherd gelangt. Wir sahen ferner, daß eine Flamme, welche in einer gleichmäßig ruhigen Atmosphäre brennt, eine bestimmte Form hat, ungefähr wie es in der Zeichnung dargestellt war, und daß sie hübsch gleichmäßig, obwohl sehr merkwürdig in ihrem Charakter erscheint.

Heute wollen wir unsere Aufmerksamkeit auf die Mittel richten, durch die wir erfahren können, was in jedem einzelnen Theil der Flamme vor sich geht, wie und warum es so vor sich geht, und was nach all diesem zuletzt aus der Kerze wird. Denn Ihr wißt ja: eine Kerze, die da vor uns brennt, verschwindet gänzlich, wenn sie ordentlich fortbrennt, ohne im Leuchter eine Spur von einem Rückstand zu lassen — gewiß eine höchst merkwürdige Erscheinung.

Um also die Kerzenflamme sorgfältig untersuchen zu können, habe ich hier einen Apparat aufgestellt, dessen Anwendung Ihr gleich kennen lernen sollt.

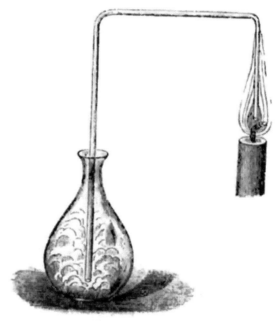

Fig. 7.

Hier ist die Kerze; das Ende dieses Glasröhr-chens bringe ich in die Mitte der Flamme, in den Theil also, welchen der alte Hooker in seiner Zeichnung ganz dunkel dargestellt hat und den Ihr ja an jeder ruhig brennenden Flamme genau unterscheiden könnt. Diesen dunkeln Theil also wollen wir zuerst untersuchen..

Indem ich so den einen Schenkel des gebogenen Glasröhrchens hineinhalte, könnt Ihr schon jetzt bemerken, daß etwas von der Flamme herkommt und am andern Ende der Röhre austritt. — Stellt man eine Flasche dorthin und läßt sie eine kurze Zeit dort stehen, so sieht man, daß von dem mittleren Theil der Flamme nach und nach etwas ausgeschieden wird, durch die Röhre in diese Flasche gelangt und daß dort sein Zustand ganz verschieden ist von dem in der freien Luft. Es entweicht nicht nur von dem Ende der Röhre, sondern es fällt auf den Boden der Flasche nieder wie eine schwere Substanz, die es in der That auch ist. Wir finden, daß dies das Wachs der Kerze ist, umgewandelt in ein dampfartiges Fluidum — nicht in ein Gas. (Ihr müßt Euch den Unterschied zwischen Gas und Dampf merken: ein Gas ist etwas Beständiges, der Dampf aber wird leicht wieder verdichtet.)*) Wenn

---

*) Die Luft ist ein Gas; auch unser gewöhnliches Leuchtgas ist ein solches. Luft und Leuchtgas bewahren unter den verschiedensten Umständen ihre luftartige Beschaffenheit. Die stärkste Winterkälte vermag nicht, sie ihnen zu nehmen. — Anders ein Dampf. Das Wasser z. B. können wir leicht in Dampf verwandeln. Wir thun es, wenn wir es zum Sieden erhitzen. Wird Wasser in einer offenen Schale gekocht, so bemerkt man, daß der Inhalt des Gefäßes sich allmählich vermindert. Das Wasser ist aber nicht verschwunden, es hat sich nur als Dampf in der Luft verbreitet. Dieser Dampf ist unsichtbar wie die Luft selbst, er ist nichts anderes als luftförmiges Wasser. Aber der Wasserdampf verliert seine luft-

Ihr eine Kerze ausblast, so habt Ihr einen häßlichen
Geruch, der von der Verdichtung dieses Dampfes her=
rührt. — Dieser ist ganz verschieden von dem, was
sich an der Außenseite der Flamme findet; um Euch
das deutlicher zu machen, will ich eine größere Menge
dieses Dampfes darstellen und anzünden — denn was
wir bei einer gewöhnlichen Kerze nur in geringer
Menge finden, müssen wir als Naturforscher in grö=
ßerem Verhältniß produciren, wenn dieses erforderlich

förmige Beschaffenheit ebenso leicht, wie er sie annahm. Durch
bloße Abkühlung wird er wieder flüssig, wie wir im Winter
in jeder Küche beobachten können. Das Wasser, welches als
Dampf den Kochtöpfen entsteigt und sich unsichtbar in der
Luft vertheilt, schlägt sich an den kalten Wänden und Fenster=
scheiben nieder und rinnt daran in dicken Tropfen herab. —
Leiten wir Luft durch kaltes Wasser, so sehen wir die Blasen
ungehindert hindurchgehen. Thun wir dasselbe mit dem
Dampfe, der aus einem Gefäße mit kochendem Wasser entweicht,
so verschwindet jede eintretende Dampfblase, indem sie durch die
Berührung mit dem kalten Wasser sogleich selbst in flüssiges
Wasser verwandelt wird. — Auch wenn wir eine kalte Platte,
einen Deckel oder dergleichen über ein Gefäß mit siedendem
Wasser halten, so sehen wir, wie alsbald der aufsteigende Wasser=
dampf sich tropfbar flüssig an dem kalten Körper niederschlägt.

Aber auch ohne besondere Erwärmung und ohne Sieden
geht die Verwandlung des Wassers in Dampf vor sich. Ein
Wassertropfen, der auf dem Fußboden vergossen wird, ist nach
kurzer Zeit verschwunden; die nasse Wäsche trocknet in wenigen
Stunden, wenn sie in der Luft frei aufgehängt wird. Auch
dieses beruht auf einer Verwandlung des Wassers in Dampf,
aber sie geht langsamer von statten als beim Sieden und nur

ist, damit wir es auf seine verschiedenen Bestandtheile prüfen können. Und jetzt wird Herr Anderson*) mir eine Wärmequelle verschaffen, um Euch zu zeigen, was dieser Dampf ist. Ich habe hier Wachs in einer Glasflasche und mache es heiß, wie ja das Innere der Kerzenflamme und das Brennmaterial um den Docht auch heiß sind. [Der Vortragende bringt etwas Wachs in eine Glasflasche und erhitzt es über einer Lampe.] Jetzt glaube ich, es ist heiß genug für mich. Ihr seht, daß das hineingelegte Wachs flüssig geworden ist, und

an der Oberfläche. Vom Spiegel des Meeres verdunsten unausgesetzt ungeheure Massen von Wasser. Der dadurch gebildete Wasserdampf erhebt sich in die Luft, in der er sich zunächst unsichtbar vertheilt. Sobald er aber in der Höhe mit kälteren Luftschichten in Berührung kommt, so kann er nicht mehr als Dampf fortbestehen, er wird zu Wasser und es bilden sich Wolken, Regen oder Schnee. (Auch die Wolken bestehen aus flüssigem Wasser in Gestalt ganz feiner Bläschen, die sich in der Luft schwebend erhalten). — Im Regen fällt der zu Wasser verdichtete Dampf auf die Erde nieder; in Quellen, Bächen, Flüssen strömt er zum Meere zurück, um dann den großen Kreislauf von neuem zu beginnen.

*) Dieser Herr Anderson — Faraday's Gehülfe — war, wie Tyndall erzählt, ein sehr achtbarer, zugleich aber auch ein etwas wunderlicher Mensch. Er sagte wohl gelegentlich von Faraday's Vorlesungen: „Ich mache die Experimente und Faraday macht die Redensarten dazu." In seiner liebenswürdigen und heiteren Weise behandelte Faraday den alten Mann auch immer so, als sei dies wirklich ihre gegenseitige Stellung.

daß ein wenig Rauch von demselben aufsteigt. Wir
werden bald den Dampf sich erheben sehen. Indessen
mache ich das Wachs noch heißer, damit wir mehr
Dampf bekommen, und nun kann ich ihn aus der
Flasche in diese Schale gießen und ihn darin entzünden.
Das ist alsdann genau derselbe Dampf wie im Innern
der Kerzenflamme; und damit Ihr Euch überzeugt,
daß dies wirklich der Fall ist, wollen wir untersuchen,
ob wir in dieser Flasche hier nicht einen brennbaren
Dampf aus der Mitte der
Kerzenflamme erhalten haben.
[Indem er die Flasche, in
welche die Röhre von der
Kerze einmündet, nimmt
und einen brennenden Wachs=
stock hineinführt.] Seht, wie
es brennt! Nun, dies ist der
Dampf aus der Mitte der
Kerze, erzeugt durch ihre

Fig. 8.

eigne Hitze; und das ist einer der ersten Punkte, die
Ihr Euch in der Reihenfolge der Verwandlungen zu
merken habt, welche das Wachs bei der Verbrennung
erleidet. Ich will jetzt eine andere Röhre vorsichtig
in die Flamme bringen, und es soll mich nicht wun=
dern, wenn wir bei einiger Sorgfalt im Stande sind,
diesen Dampf durch die Röhre bis zum andern Ende
fortzuleiten, wo wir ihn anzünden wollen und genau
die Flamme einer Kerze an einer von derselben entfernten

Stelle erhalten werden. Nun, seht hier! Ist das nicht
ein recht niedliches Experiment? Sprecht von Gas=
leitung — wir können von Kerzenleitung sprechen!
Ihr erkennt hieraus, daß der Prozeß in zwei deutlich
verschiedenen Theilen vor sich geht: der eine ist die
Erzeugung des Dampfes, der andere die Verbren=
nung desselben — beide spielen sich an besonderen
Stellen der Kerzenflamme ab.

Von dem schon verbrannten Theile kann ich keinen
Dampf erhalten. Wenn ich die Röhre in Fig. 7 zum
obern Theil der Flamme hebe, so wird, sobald der
Dampf ausgeschlossen ist, das, was nun in die Röhre
geht, nicht mehr brennbar sein; denn es ist ja schon
verbrannt. — Wie verbrannt? — In der Mitte der
Kerze am Docht befindet sich der brennbare Dampf;
außerhalb der Flamme ist die Luft, die wir für das
Brennen einer Kerze nothwendig finden werden. Zwi=
schen diesen beiden geht ein kräftiger chemischer Prozeß
vor sich, bei dem die Luft und der Brennstoff auf
einander wirken; und genau zu derselben Zeit, während
der wir das Licht erhalten, wird der Dampf zerstört.
Wenn Ihr prüft, wo die heißeste Stelle der Flamme ist,
so werdet Ihr das merkwürdig eingerichtet finden. Ich
nehme z. B. diese Kerze und halte ein Stück Papier
dicht über die Flamme: wo ist die größte Hitze dieser
Flamme? Ihr seht, daß sie nicht im Innern ist.
Sie ist in einem Ringe, genau an dem Orte, von
dem ich sagte, daß dort der chemische Prozeß vor sich

geht, und trotzdem ich dieses Experiment jetzt nicht
mit der wünschenswerthen Sorgfalt ausführen kann,
wird es immer ein Ring sein, wenn nicht gar zu viel
Unruhe herrscht. Das ist ein Experiment, das Ihr
gut zu Hause machen könnt. Nehmt einen Papier=
streifen, sorgt dafür, daß die Luft im Zimmer ruhig
ist, und haltet das Papier gerade über die Mitte der
Flamme — doch ich darf nicht sprechen, während ich
das Experiment mache — Ihr werdet finden, daß es
an zwei Stellen verbrannt, in der Mitte aber nur
wenig oder gar nicht angebrannt ist. Habt Ihr nun
dieses Experiment ein= oder zweimal gemacht, sodaß es
gut gelingt, so ist es sehr interessant zu sehen, wo
die größte Hitze ist, und zu finden, daß sie da ist, wo
Luft und Brennstoff zusammentreffen.

Das ist bei unserm ferneren Vorwärtsgehen sehr
wichtig für uns. Luft ist unumgänglich nothwendig
zur Verbrennung; und was mehr ist: ich muß betonen,
daß frische Luft nöthig ist; denn sonst würden wir
unvollkommen combiniren und experimentiren. Ich
habe hier eine Flasche voll Luft und stülpe sie über
eine Kerze, die zuerst darin ganz hübsch brennt und
zeigt, daß das, was ich sagte, wahr ist. Bald aber
tritt eine Veränderung ein. Seht, wie sich die Flamme
nach oben zieht, nun schwach und schwächer wird und
zuletzt verlöscht. Und verlöscht, warum? Nicht weil
sie nur nach Luft verlangt — denn die Flasche ist
noch ebenso voll wie vordem — sondern weil sie reine,

frische Luft haben will. Die Flasche ist voll Luft,
die theils verändert, theils nicht verändert ist; aber sie
enthält nicht genug reine Luft, wie es zur Verbrennung
einer Kerze nöthig ist. Das alles sind Punkte, die wir
als junge Chemiker uns merken müssen, und wenn
wir ein wenig genauer auf derartige Vorgänge achten,
so werden wir verschiedene Anknüpfungspunkte zu sehr
interessanten Betrachtungen finden. Zum Beispiel habe
ich hier die Oellampe, die ich Euch zeigte, eine vorzügliche Lampe für unsere Experimente, es ist die bekannte Argand'sche Lampe. Ich verwandle sie jetzt
in eine Kerze (indem ich den Durchgang der Luft in
das Innere der Flamme verstopfe). Hier ist der Docht,
hier steigt das Oel in ihm empor, und da haben wir
die kegelförmige Flamme. Sie brennt spärlich, weil
die Luft theilweise abgesperrt ist. Ich habe der Luft
nur zu der Außenseite der Flamme den Zutritt ge-
stattet, weshalb sie nicht gut brennt. Ich kann nicht
mehr Luft von außen her zulassen, da der Docht zu
groß ist; wenn ich aber, wie es Argand so sinnreich
that, einen Durchgang zur Mitte der Flamme öffne,
und so die Luft hineintreten lasse, so werdet Ihr sehen,
wie viel schöner sie brennt. Wenn ich die Luft ab-
schließe, so seht nur, wie sie raucht. Aber warum?
Da haben wir einige sehr interessante Punkte zu untersuchen. Wir hatten den Fall der vollkommenen Verbrennung einer Kerze; wir hatten den Fall, daß eine
Kerze aus Luftmangel verlöschte und haben jetzt den Fall

von unzureichender Verbrennung, was für uns so inter=
essant ist, daß ich wünsche, Ihr möchtet es ebenso gut
verstehen, wie die bestmögliche Verbrennung einer Kerze.
Ich will jetzt eine große Flamme machen, weil wir Ver=
suche in möglichst großem Maßstabe brauchen. Hier ist
ein größerer Docht, ein Baumwollenballen mit brennen=
dem Terpentinöl. Alle dergleichen Dinge sind ja ganz
dasselbe wie Kerzen. Wenn wir größere Dochte nehmen,
müssen wir eine stärkere Luftzufuhr bewirken, oder
wir werden doch eine unvollkommene Verbrennung
haben. Seht Euch jetzt diese schwarze Substanz an,
die in die Luft steigt, es ist ein ganz regelmäßiger
Strom. Ich habe jedoch Vorkehrungen getroffen, den
unvollkommen verbrannten Theil fortzuschaffen, damit
er Euch nicht beschmutzt. Seht den Ruß, der von der
Flamme fortfliegt; seht, wie unvollkommen die Ver=
brennung ist, da nicht genug Luft hinzutritt. Was
geschieht also? Nun, einige zur Verbrennung nöthigen
Dinge sind nicht da, und infolge dessen werden schlechte
Resultate erzielt. Indessen sehen wir, wie es einer
Kerze geht, wenn sie in reiner, also tauglicher Luft
brennt. Als ich Euch die Verkohlung durch den Ring
der Flamme auf der einen Seite des Papiers zeigte,
hätte ich es auch umdrehen und Euch zeigen können,
daß bei der Verbrennung einer Kerze dieselbe Art von
Ruß — Kohle — entsteht.

Aber bevor ich dieses zeige, ist es für unsern
Zweck sehr nothwendig, noch einen andern Gegenstand

5*

kennen zu lernen. Obgleich uns nämlich die Kerze das
allgemeine Resultat ihrer Verbrennung stets in Form
einer Flamme darstellt, so müssen wir doch zusehen,
ob eine Verbrennung immer in dieser Weise vor sich
geht, oder ob es auch noch andere Arten von Ver=
brennung giebt, und wir werden bald entdecken, daß
Letzteres der Fall und daß dieses sehr wichtig für uns
ist. Ich glaube, die beste Art der Veranschaulichung
für uns junge Leute ist vielleicht, die Erscheinungen im
stärksten Gegensatze zu zeigen. Hier habe ich ein wenig
Schießpulver. Ihr wißt, daß das Pulver mit einer
Flamme brennt — wir dürfen es Flamme nennen; es
enthält Kohle und andere Stoffe, welche verursachen,
daß es mit Flamme brennt. Ferner habe ich hier
pulverisirtes Eisen oder Eisenfeilspäne. Jetzt will ich
diese beiden Dinge zusammen verbrennen. Ich habe
hier einen kleinen Mörser, in welchem ich sie mische.
(Bevor ich an diese Experimente gehe, will ich warnen,
daß sie Niemand von Euch aus Spielerei nachmacht
und sich dabei beschädigt. Dergleichen Dinge können
wohl gemacht werden, wenn man sich in Acht nimmt;
sonst aber kann man damit viel Unheil anrichten.)
Hier ist also ein wenig Pulver, welches ich auf den
Boden dieses kleinen Holzgefäßes lege und mit Eisen=
feilspänen vermische; ich beabsichtige nun, durch das
Pulver die Feilspäne in Brand zu setzen und sie in
der Luft zu verbrennen, um hierbei den Unterschied
zwischen Substanzen, die mit, und solchen, die ohne

Flamme brennen, zu zeigen. Hier ist die Mischung, und wenn ich sie entzünde, wobei Ihr genau auf die Verbrennung achten müßt, so werdet Ihr sehen, daß diese eine zweifache ist. Ihr werdet das Pulver mit Flamme brennen und Feilspäne aufgewirbelt sehen, und zwar auch sie brennend, jedoch ohne Flamme. Ein jedes brennt für sich allein. [Der Vortragende setzt nun die Mischung in Brand.] Hier das Pulver brennt mit einer Flamme; die Feilspänne dagegen zeigen eine andere Art von Verbrennung. Da seht Ihr nun die zwei verschiedenen Erscheinungen; und hiervon hängt alle Brauchbarkeit und Schönheit der Flammen ab, die wir zur Beleuchtung benutzen wollen. Wenn wir Oel, Gas oder Kerzen zur Beleuchtung gebrauchen, so beruht ihre Brauchbarkeit auf diesen verschiedenen Arten der Verbrennung.

Der Verbrennungsprozeß bietet soviel Merkwürdiges dar, daß es einiger Klugheit und Unterscheidungsgabe bedarf, um die einzelnen Arten der Verbrennung eine jede in ihrer besonderen Art zu erkennen. Hier ist zum Beispiel ein Pulver, welches sehr leicht verbrennt, und das, wie Ihr seht, aus lauter einzelnen kleinen Körnchen besteht. Man nennt es Lycopodium (Bärlappsamen, Hexenmehl), und jedes dieser Körnchen kann einen Dampf entwickeln und seine eigene Flamme erzeugen; wenn man sie abbrennt, so glaubt man, es sei Alles eine Flamme. Ich werde einen Theil anzünden, damit Ihr die Erscheinung beobachten könnt. Wir sehen eine Feuerwolke, augenscheinlich eine einzige

Masse; aber jenes knisternde Geräusch, das sich beim Ab=
brennen wahrnehmen läßt, ist ein Beweis, daß die Ver=
brennung keine zusammenhängende und gleichmäßige ist.
Auf dem Theater wird damit der Blitz sehr gut nachge=
ahmt. [Das Experiment wird zweimal wiederholt, indem
der Vortragende das Lycopodium aus einer Glasröhre
durch eine Spiritusflamme bläst.]   Es ist dies kein Fall
einer Verbrennung, wie die der Eisenfeilspäne, von der ich
gesprochen habe und auf die wir jetzt zurückkommen müssen.

Denkt Euch, ich nehme eine Kerzenflamme und
prüfe den Theil derselben, der unserem Auge am
hellsten erscheint.   Nun, da bekomme ich diese schwarzen
Theilchen, welche Ihr schon oft aus der Flamme sich
ausscheiden sahet, und die ich jetzt auf eine andere
Weise ausscheiden will.   Ich werde dieses Licht nehmen
und das Herabgeträufelte davon entfernen, welches in=
folge der Luftströmungen entstanden ist.   Wenn ich
nun eine Glasröhre gerade in diesen leuchtendsten Theil
tauche, wie bei unserem ersten Experiment, nur höher,
so seht Ihr, was geschieht.   Statt des damals wei=
ßen, werden wir jetzt einen schwarzen Dampf haben.
Er steigt empor so schwarz wie Tinte.   Er ist in der
That sehr verschieden von dem weißen Dampf, und
wenn wir ihm eine Flamme nähern, so finden wir,
daß er nicht brennt, sondern das Licht auslöscht.   Nun
dieser schwarze Stoff ist eben, wie ich sagte, der Rauch
der Kerze, und dies erinnert mich an die alte Anwen=
dung, welche Dean Swift seinen Tienstboten zur Unter=

haltung empfahl, nämlich auf der Decke des Zimmers mit einer Flamme zu schreiben. Aber was ist diese schwarze Substanz? Es ist dieselbe Kohle, welche wir schon früher aus der Kerze erhielten. Wie kann sie sich aus der Kerze bilden? Sie war offenbar in der Kerze vorhanden, sonst könnte sie nicht hier sein. Und nun folgt mir genau in meiner Auseinandersetzung. Ihr werdet wohl kaum glauben, daß alle die Substanzen, die in Gestalt von Ruß und schwarzen Flöckchen in London herumfliegen, gerade die Schönheit und das Leben der Flamme ausmachen, und daß sie in derselben so verbrannt werden, wie die Eisenfeilspäne hier. Hier ist ein Stück Drahtgeflecht, welches die Flamme nicht hindurch läßt, und wenn ich es niedrig genug halte, daß es den Theil der Flamme berührt, welcher sonst so hell ist, so werdet Ihr sehen, daß es diesen sogleich hemmt und dämpft und eine Menge Rauch aufsteigen läßt.

Ich bitte Euch nun, auf das Folgende zu achten. Wenn eine Substanz brennt, wie die Eisenfeilspäne in der Pulverflamme, ohne dabei dampfförmig zu werden (sei es, daß sie flüssig wird, oder fest bleibt), so leuchtet sie sehr stark. Ich habe hier einige Beispiele gewählt, welche von der Kerze unabhängig sind, um Euch diesen Punkt zu erläutern; denn was ich sagte, gilt von allen Substanzen, ob sie brennen oder nicht brennen, — daß sie nämlich ausnehmend leuchtend sind, wenn sie ihren festen Zustand auch in

der Hitze behalten. Und die Kerze verdankt der An=
wesenheit fester Theilchen in der Flamme ihre Leuchtkraft.

Hier ist ein Platindraht, ein Körper, der sich
durch Hitze nicht verändert. Wenn ich ihn in dieser
Flamme erhitze, so seht nur wie außerordentlich hell
er leuchtet. Ich werde die Flamme klein machen, damit
sie nur wenig Licht giebt, und dennoch werdet Ihr
sehen, daß die Hitze, die sie diesem Platindraht mit=
theilen kann, obwohl viel geringer als die eigene, doch
im Stande ist, dem Drahte bedeutend mehr Leucht=
kraft zu geben. Diese Flamme enthält Kohle; jetzt
will ich aber eine Flamme nehmen, die keine Kohle
enthält. In dem Gefäß hier ist ein Material, eine
Art Brennstoff — eine Luftart oder ein Gas, wie Ihr
es nennen wollt —, und darin sind keine festen Theile
enthalten. Ich wähle diesen Stoff, weil er uns das
Beispiel einer Flamme geben wird, welche brennt, ohne
daß irgend ein fester Körper dabei auftritt. Wenn ich
nun diesen festen Körper hineinhalte, so seht Ihr, welche
intensive Hitze die Flamme hat und wie hell sie den festen
Körper erglühen macht. Durch diese Röhre leiten wir
dieses absonderliche Gas, welches wir Wasserstoff
nennen, und welches Ihr bei unserer nächsten Zu=
sammenkunft näher kennen lernen sollt. Und hier ist eine
Substanz Namens Sauerstoff, mit deren Hülfe der
Wasserstoff brennen kann; aber obwohl wir durch die
Verbindung beider eine bedeutend höhere Temperatur als
durch die Verbrennung einer Kerze erzeugen können, so

leuchtet die Flamme doch nur wenig. Bringe ich dagegen
einen festen Körper hinein, so erhalten wir ein sehr
intensives Licht. Wenn ich ein Stück Kalk nehme,
eine Substanz, die nicht brennt und durch Hitze nicht
verflüchtigt wird (also fest bleibt), so werdet Ihr
bald sehen, was geschieht, wenn der Kalk glüht. Bei
der Verbrennung von Wasserstoff in Sauerstoff wird
sehr große Hitze, aber sehr wenig Licht entwickelt,
letzteres also nicht aus Mangel an Hitze, sondern an
Theilchen, welche fest sind und auch in ihrem festen
Zustande verharren. Halte ich aber dieses Stück Kalk
in die Flamme — seht, wie es glüht! Es ist dies das
berühmte Kalk=Licht, welches mit dem Volta'schen Licht
wetteifert und dem Sonnenlicht beinahe gleich kommt.
Hier habe ich ein Stück Holzkohle, welche brennt und
uns genau in derselben Weise Licht giebt, als ob sie
als Bestandtheil einer Kerze verbrannt würde. Die
Hitze einer Kerzenflamme zersetzt den Wachsdampf und
macht die Kohleutheile frei; diese steigen erhitzt und
glühend empor, wie dies hier glüht, und entweichen
dann in die Luft — freilich nicht in Form von Kohle,
sondern in vollkommen unsichtbarer Gestalt, worüber
wir später sprechen werden.

Ist es nicht von großem Reiz, Einsicht in einen
Prozeß zu gewinnen, durch den ein so schmutziges
Ding wie eine Kohle so hell leuchtend werden kann?
Ihr seht, es kommt darauf hinaus, daß alle hellen
Flammen solche feste Theile enthalten. Alle Körper,

welche brennen und dabei feste Theilchen entwickeln, entweder während der Entzündung, wie die Kerze, oder unmittelbar danach, wie das Schießpulver und die Eisenfeilspäne, alle solche Körper geben uns ein helles und schönes Licht.

Ich will Euch das durch ein paar weitere Experimente zu veranschaulichen suchen. Hier ist ein Stück Phosphor, der mit heller Flamme brennt. Wir müssen hieraus schließen, daß dieser Phosphor entweder

Fig. 9.

in dem Moment der Entzündung oder später solche feste Theilchen absondert. Ich zünde nun den Phosphor an und bedecke ihn mit einer Glasglocke, um die Verbrennungsproducte aufzufangen. Was bedeutet all der Rauch? Dieser Rauch besteht eben aus jenen Theilchen, die durch die Verbrennung des Phosphors gebildet werden. — Hier haben wir zwei andere Stoffe. Dies ist chlorsaures Kali und dies ist Schwefelantimon. Ich werde sie zusammenmischen, und dann können sie auf verschiedene Art in Brand gesetzt werden. Ich will sie zunächst, um Euch ein Beispiel chemischer Reaction zu geben, mit einem Tropfen Schwefelsäure berühren, und sie werden augenblicklich brennen. [Der Vortragende entzündet die Mischung durch Schwefelsäure.] Nun könnt Ihr schon aus dem Augenschein selbst schließen, ob diese Stoffe feste Producte liefern. Ich habe Euch ja den Weg zu dieser Schlußfolgerung gezeigt; denn wodurch ist diese Flamme sonst so hell, als durch die emporsteigenden glühenden festen Theile?

Herr Anderson hat da in dem Ofen einen Tiegel stark erhitzt, in den ich einige Zinkfeilspäne werfen will, die dann mit einer Flamme wie Schießpulver brennen werden. Ich mache Euch dieses Experiment hier vor, weil Ihr es zu Hause gut nachmachen könnt. Jetzt sollt Ihr sehen, was das Verbrennungsproduct des Zinkes ist. Hier brennt das Zink. Es brennt wundervoll wie eine Kerze. Aber was bedeutet all dieser Rauch? Was sind diese kleinen Wollenflöckchen, die zu Euch hinfliegen, da Ihr nicht zu ihnen kommen könnt? Es ist dies die sogenannte Philosophenwolle der Alten. Wir werden finden, daß auch in dem Tiegel noch eine Menge dieser wolligen Substanz zurückgeblieben ist. Doch will ich das Experiment noch ein wenig anders machen und doch dasselbe Resultat erzielen. Hier habe ich ein Stückchen Zink; hier [indem er auf einen Wasserstoffbrenner zeigt] ist der Verbrennungsherd, und wir wollen ans Werk gehen und das Metall zu ver-

brennen versuchen. Ihr seht, wie es glüht; da haben
wir die Verbrennung und hier die weiße Substanz,
zu der es verbrennt. Und wenn ich also diese Wasser=
stoffflamme als Vertreter der Kerze nehme und Euch
eine Substanz wie das Zink in der Flamme brennend
zeige, so werdet Ihr sehen, daß diese Substanz allein
während der Verbrennung glühte, so lange sie heiß
erhalten wurde; und wenn ich nun diese weiße Substanz
wieder in die Wasserstoffflamme bringe, so seht nur,
wie schön sie glüht, und zwar gerade darum, weil es
eine feste Substanz ist.

Ich will nun eine Flamme nehmen, wie ich sie
schon einmal benutzt habe, und will aus ihr die Kohlen=
theilchen in Freiheit setzen. Ich nehme etwas Benzin,
das mit viel Rauch brennt; aber ich lasse die Rauch=
theilchen durch diese Röhre in die Wasserstoffflamme
gehen, wo Ihr sie brennen und leuchten sehen werdet,
weil ich sie zum zweiten Male erhitze. Seht jetzt!
Da sind die Kohlentheilchen zum zweiten Mal entzün=
det. Ihr werdet diese Theilchen besser sehen, wenn
ich ein Stück Papier hinter sie halte; so lange sie
sich innerhalb der Flamme befinden, glühen sie durch
die Hitze derselben und erzeugen eben so lange diese
Helligkeit. Werden solche Theilchen nicht abgeschieden,
so erhält die Flamme keine Leuchtkraft. Auch die
Leuchtgasflamme verdankt ihre Helligkeit der Aus=
scheidung solcher Kohlentheilchen während des Bren=
nens; denn sie sind im Leuchtgas ebenso vorhanden,

wie in einer Kerze. Ich kann diese Anordnung schnell
umändern. Hier ist z. B. eine Gasflamme. Wenn
ich dieser Flamme so viel Luft zuführe, daß alles ver=
brannt ist, bevor jene Theilchen frei geworden sind,
so erhalte ich keine Helligkeit. Das kann ich folgender=
maßen bewerkstelligen: Wenn ich diese Kappe aus
Drahtgeflecht auf den Brenner setze und dann darüber
das Gas anzünde, so brennt es mit einer nichtleuchten=
den Flamme, und das kommt daher, daß sich das Gas
mit viel Luft mischt, ehe es zum Brennen gelangt.
Und wenn ich das Drahtgeflecht emporhebe, so seht
Ihr, daß es darunter nicht brennt. Im Gas ist viel
Kohle; aber weil die atmosphärische Luft hinzutreten
und sich vor dem Brennen damit mischen kann, so
brennt es mit der blassen blauen Flamme, die Ihr
hier sehet. Und wenn ich auf eine helle Gasflamme
blase, so daß alle Kohle verbrannt wird, bevor sie zum
Glühen kommt, so wird sie gleichfalls blau brennen.
[Der Vortragende veranschaulicht diese Bemerkung, indem
er auf ein Gaslicht bläst.] Der einzige Grund, wes=
halb ich nicht dasselbe helle Licht erhalte, wenn ich so
auf die Flamme blase, ist; daß die Kohle mit einer
hinreichenden Luftmenge zusammenkommt, um zu ver=
brennen, ehe sie in der Flamme in freiem Zustande
ausgeschieden wird. Der Unterschied wird nur dadurch
hervorgerufen, daß keine festen Theilchen ausgeschieden
werden, ehe das Gas verbrannt ist.

Ihr seht, daß sich bei der Verbrennung einer

Kerze bestimmte Producte bilden, und daß ein Theil
derselben in Kohle oder Ruß besteht. Die Kohle liefert,
wenn sie nachher selbst verbrannt wird, ein anderes
Verbrennungsproduct, und es ist für uns sehr wich=
tig, die Natur dieses letzteren Productes zu bestim=
men. Wir haben gesehen, daß bei der Verbrennung
etwas entweicht, und ich muß Euch nunmehr auch dar=
thun, wie viel in die Luft geht. Zu diesem Zweck
wollen wir eine Verbrennung in etwas größerem Maß=
stabe vornehmen. Von dieser Kerze steigt erhitzte Luft
auf und zwei oder drei Experimente werden Euch
den aufsteigenden Strom zeigen. Um Euch aber die
Menge der auf diese Art aufsteigenden Stoffe bemerk=
bar zu machen, will ich ein Experiment ausführen,
bei dem ich einige Producte dieser Verbrennung auf=
zufangen gedenke. Zu diesem Zwecke habe ich hier
einen Feuer=Ballon, wie ihn die Knaben nennen, den
ich gleichsam als Meßgefäß für die gebildeten Ver=
brennungsproducte benutze. Ich will mir auf die leich=
teste und einfachste Art eine Flamme herstellen, wie
sie meinem augenblicklichen Bedarf am dienlichsten ist.
Diesen Teller wollen wir als das „Schälchen" der
Kerze ansehen, dieser Spiritus ist unser Brennstoff,
und darüber setze ich nun einen Schornstein; es ist
besser für mich, es so zu machen, als aufs Gerathe=
wohl ans Werk zu gehen. Herr Anderson wird jetzt
den Spiritus anzünden, und hier oben werden wir
die Verbrennungsproducte auffangen. Was wir am

Ende dieser Röhre erhalten, das ist, allgemein ge=
sprochen, ganz dasselbe, was man beim Verbrennen
einer Kerze erhält; hier aber bekommen wir keine
leuchtende Flamme, weil wir ein Brennmaterial an=

Fig. 10.

wenden, das arm an Kohlenstoff ist. Ich werde nun
den Ballon aufsetzen, nicht um ihn steigen zu lassen
— denn das ist nicht meine Aufgabe — sondern um
Euch die Verbrennungsproducte zu zeigen, die von der
Kerze ebenso aufsteigen, wie hier aus dem Schornstein.

[Der Ballon wird über den Schornstein gehalten und beginnt sich sogleich zu füllen.] Ihr seht, wie gern er aufsteigen möchte; aber wir dürfen das nicht zulassen, weil er sonst mit den Gasflammen dort oben in Berührung kommen könnte, was recht unangenehm wäre. [Die oberen Flammen werden auf Wunsch des Vortragenden ausgedreht, und nun darf der Ballon aufsteigen.] Zeigt Euch das nicht, was für eine große Menge Stoff sich hierbei entwickelt?

Durch diese Röhre [der Vortragende hält eine weite Glasröhre über eine Kerze] nehmen alle Verbrennungsproducte der Kerze ihren Weg, und Ihr werdet gleich bemerken, wie die Röhre ganz undurchsichtig wird. Ich nehme nun eine andere Kerze, setze sie unter eine Glasglocke und stelle dahinter ein Licht, damit Ihr deutlich beobachten könnt, was darin vor sich geht. Ihr seht, die Wände der Kerze werden trübe, und die Kerze beginnt schwach zu brennen. Es sind die Verbrennungsproducte, welche das Licht so verdunkeln und welche zugleich die Glocke so undurchsichtig machen. Wenn Ihr nach Hause kommt und einen Löffel nehmt, der in der kalten Luft gelegen hat, und haltet ihn über eine Kerze — aber nicht so, daß er berußt wird — so werdet Ihr finden, daß er ein ebenso mattes Ansehen bekommt, wie die Glocke hier. Wenn Ihr eine silberne Schale bekommen könnt oder etwas der Art, so wird Euch das Experiment noch besser gelingen. Und nun, um Eure Gedanken schon in voraus auf unsere nächste Zusammenkunft zu lenken, will ich Euch noch sagen, daß es Wasser ist, was das Matt= werden bewirkt, und das nächste Mal werde ich Euch zeigen, wie wir dasselbe ohne Schwierigkeit nöthigen können, die Form einer Flüssigkeit anzunehmen.

Dritte Vorlesung.

Wasser als Verbrennungsproduct der Kerze. Eigenschaften des Wassers; seine Aggregatzustände. Wasserstoff als Bestandtheil des Wassers. Darstellung und Eigenschaften des Wasserstoffs. Wasser als Verbrennungsproduct des Wasserstoffs. Die Volta'sche Säule.

Ihr werdet Euch erinnern, daß ich vor unserem Auseinandergehen das Wort „Verbrennungsproducte" gebrauchte, und daß wir im Stande sind, mit entsprechenden Vorrichtungen verschiedene derartige Producte von einer brennenden Kerze aufzufangen. Die eine Substanz konnten wir nicht erhalten, wenn die Kerze ordentlich brannte: die Kohle oder den Rauch; ferner lernten wir auch einen Stoff kennen, der von der Flamme aufstieg und nicht als Rauch erschien, sondern eine andere Form annahm und einen Theil des unsichtbaren Stromes ausmachte, der von der Kerze aufsteigt und entweicht. Es waren aber noch andere Producte zu erwähnen. Ihr erinnert Euch, daß wir in dem von der Kerzenflamme aufsteigenden Strome einen Bestandtheil fanden, der sich an einem kalten

Löffel oder an einem reinen Teller oder an irgend einem kalten Gegenstande verdichten ließ, und daß wiederum ein anderer Theil nicht verdichtbar war.

Wir wollen den verdichtbaren Theil zuerst genauer untersuchen; seltsam genug finden wir, daß er nichts als Wasser ist. Das vorige Mal sprach ich beiläufig davon, indem ich nur sagte, daß Wasser unter den condensirbaren Producten einer Kerze sei; heute aber möchte ich Eure Aufmerksamkeit eingehender auf das Wasser lenken, das wir sorgsam untersuchen wollen, namentlich in seiner Beziehung auf unsern Gegenstand, wie auch in Rücksicht auf sein Vorkommen auf der Erdoberfläche.

Nun, nachdem ich sorgfältig ein Experiment zur Verdichtung des Wassers aus den Verbrennungs= producten einer Kerze vorbereitet habe, will ich Euch zunächst dieses Wasser zeigen; das beste Mittel, die Gegenwart des Wassers so Vielen zugleich zu beweisen, ist vielleicht, eine recht sichtbare Wirkung des Wassers zu zeigen, und diese dann als Prüfstein für das, was sich als Tropfen an dem Boden des Gefäßes gesammelt hat, anzuwenden. Ich habe hier eine eigenthümliche Sub= stanz, das von Humphrey Davy entdeckte Kalium, welches eine sehr energische Wirkung auf Wasser übt, und dieses werde ich benutzen, um die Gegenwart des Wassers nachzuweisen. Ich nehme ein Stückchen davon und werfe es in diese Schüssel, und Ihr seht, wie es die Gegenwart von Wasser anzeigt, indem es sich entzündet

und emporschnellt, mit violetter Flamme brennend. Ich
nehme jetzt die Kerze fort, die unter dieser Schale mit Eis
und Salz gebrannt hat, und Ihr seht einen Wasser=
tropfen, als condensirtes Product der Kerze, an der
untersten Stelle des Gefäßes hängen. Ich will Euch
zeigen, daß das Kalium dieselbe Wirkung darauf aus=
übt, wie auf das Wasser in dem Gefäße, mit dem wir es

Fig 11.

soeben versucht haben.
Seht, es fängt Feuer
und brennt in der=
selben Weise. Ich
werde einen andern
Tropfen auf diese
Glasplatte bringen,
und wenn ich Kalium
hinzufüge, so werdet
Ihr aus dem Um=
stand, daß es Feuer
fängt, sogleich schlie=
ßen, daß Wasser vor=
handen ist. Nun,

dieses Wasser ist aus der Kerze entwickelt worden.
Ebenso werdet Ihr sehen, wenn ich die Spiritus=
lampe unter das Gefäß stelle, daß dieses von dem
Thau, der sich an demselben niederschlägt, feucht wird
— in dem Thau haben wir wieder dasselbe Ver=
brennungsproduct — und an den Tropfen, die auf
ein untergehaltenes Stück Papier herabfallen, könnt

Ihr sehen, daß sich eine ziemliche Menge Wasser bei
der Verbrennung bildete. Ich will es jetzt bei Seite
stellen, und Ihr mögt nachher sehen, wie viel Wasser
sich angesammelt hat. Nehme ich eine Gaslampe und
bringe ich irgend eine abkühlende Vorrichtung darüber,
so erhalte ich gleichfalls Wasser, welches ebenso durch
die Verbrennung des Gases gebildet wird. In dieser
Flasche hier ist eine Quantität Wasser, ganz reines
destillirtes Wasser, welches aus einer Gasflamme auf=
gefangen wurde; es ist in keiner Weise verschieden von
anderem destillirten Wasser, mag man es aus Quell=,
Fluß= oder Seewasser destilliren; immer ist destillirtes
Wasser ein und dasselbe, es ist ein Körper von stets
gleicher Beschaffenheit. Wir können es absichtlich mit
anderen Dingen vermischen, oder wir können es zer=
setzen und andere Dinge daraus darstellen: aber Wasser
als solches bleibt immer dasselbe, ob in festem, flüssi=
gem oder luftförmigem Zustand. Hier ferner [eine
andere Flasche emporhaltend] habe ich Wasser, das
aus einer Oelflamme gewonnen wurde. Ein Maß
Oel liefert bei der Verbrennung über ein Maß Wasser.
Hier ist Wasser, das durch ein längeres Experiment
aus einer Wachskerze entwickelt wurde. Und so können
wir mit fast allen brennbaren Substanzen verfahren,
die mit einer Flamme ähnlich der Kerze brennen, und
wir werden finden, daß sie Wasser erzeugen. Ihr
könnt diese Experimente selbst machen; der Kopf eines
Schüreisens z. B. eignet sich ganz gut zu solchen Ver=

suchen, er bleibt über der Flamme lange genug kalt, sodaß man an demselben Wasser in Tropfen conden= sirt erhalten kann; auch jedweden Löffel oder irgend ein ähnliches Instrument könnt Ihr dazu brauchen, vorausgesetzt, daß es rein ist und die Wärme gut ab= leitet, sodaß dadurch das Wasser verdichtet wird.

Um nun dem Wesen dieser wunderbaren Bildung des Wassers aus Brennstoffen und durch Verbrennung näher zu treten, muß ich zunächst von den verschiedenen Formen sprechen, in denen das Wasser auftritt; und obgleich Euch dieselben wohl alle bekannt sein mögen, so ist es doch für unsern augenblicklichen Zweck nöthig, sie etwas näher zu betrachten, damit Ihr seht, wie das Wasser, während es seine Proteus = Verwandlungen durchmacht, doch immer ganz und gar dasselbe Ding ist, ob es nun durch Verbrennung aus einer Kerze oder durch Destillation aus Fluß= oder Meerwasser gewonnen wurde.

Zunächst: wenn das Wasser stark abgekühlt ist, so bildet es das Eis. Wir als Naturforscher — ich darf Euch und mich in diesem Falle wohl so nennen — wir sprechen vom Wasser als Wasser, es sei im festen oder flüssigen oder gasförmigen Zustand; wir haben es hier stets nur mit Wasser im chemischen Sinne zu thun. Das Wasser ist aus zwei Stoffen zusammen= gesetzt, von denen wir den einen aus der Kerze ge= nommen haben, während wir den andern an einem andern Orte finden werden. Wasser kann uns als

Eis begegnen, und Ihr habt im Winter die beste Gelegenheit, es als solches zu sehen. Das Eis wird wieder zu Wasser, wenn die Temperatur steigt, und das Wasser geht in Dampf über, wenn es hinlänglich erhitzt wird. Das flüssige Wasser, welches wir hier vor uns haben, befindet sich in seinem dichtesten Zustande. Ob wir es nämlich durch Abkühlung in Eis oder durch Erhitzen in Dampf verwandeln, es nimmt stets an Volumen zu — in dem einen Falle auf sehr merkwürdige Art und mit großer Gewalt, im anderen in sehr bedeutendem Grade. Ich werde z. B. jetzt diesen Blechcylinder nehmen und ein wenig Wasser hineingießen. Ihr seht, wie viel ich Wasser hineingieße, und daraus könnt Ihr leicht abschätzen, daß es in dem Cylinder ungefähr zwei Zoll hoch stehen wird. Nun werde ich das Wasser in Dampf verwandeln, um Euch zu zeigen, wie verschieden der Raum ist, den das Wasser einnimmt, je nachdem es sich in flüssigem oder dampfförmigem Zustand befindet.

Nehmen wir inzwischen die Verwandlung des Wassers in Eis vor, die wir durch Kühlung mit einer Mischung aus Salz und gestoßenem Eis bewerkstelligen können. Ich will das thun, um Euch die Ausdehnung des Wassers bei dieser Verwandlung zu zeigen. Diese Flaschen [indem er eine emporhält] sind von Gußeisen gemacht, sie sind sehr stark und dick, ich glaube ⅓ Zoll dick; sie wurden sorgfältig mit Wasser gefüllt, so daß alle Luft ausgeschlossen ist, und dann fest zugeschraubt.

Wir werden sehen, wenn wir das Wasser in diesen
eisernen Gefäßen gefrieren lassen, daß sie nicht mehr
im Stande sind, das Eis eingeschlossen zu halten; die
Ausdehnung wird sie in Stücke wie diese [indem er
einige Bruchstücke vorzeigt] zersprengen, die von Flaschen
ganz derselben Art herrühren. Ich werde diese beiden
Flaschen in die Mischung von Salz und Eis setzen,
um Euch zu zeigen, wie das Wasser, indem es zu
Eis wird, sein Volumen in so auffälliger Weise ver=
größert.

In der Zwischenzeit beobachtet hier die Verän=
derung, welche mit dem Wasser eingetreten ist, das wir
heiß gemacht haben; es verlor seine flüssige Form.
Dies bringt verschiedene weitere Veränderungen mit
sich. Ich habe den Hals dieser Glasflasche, in der
Wasser kocht, mit einem Uhrglas bedeckt. Seht Ihr,
was geschieht? Es rasselt wie ein klapperndes Ven=
til, weil der von dem kochenden Wasser aufsteigende
Dampf das Glas auf und nieder stößt und sich selbst
hinauszwängt. Ihr könnt leicht einsehen, daß die Flasche
ganz voll Dampf ist, der sich sonst einen Ausgang
nicht zu erzwingen brauchte. Ihr seht auch, daß die
Flasche eine Substanz enthält, die einen viel größeren
Raum erfüllt als vorher das Wasser; denn sie füllt
die ganze Flasche immer und immer wieder, hebt den
Deckel und entweicht in die Luft; und bei alledem ist
gar keine große Verminderung der Wassermasse zu be=
merken, woraus Ihr seht, daß die Volumenvergröße=

rung bei der Verwandlung des Waſſers in Dampf
eine ſehr bedeutende iſt.

Nun wieder zurück zu unſern eiſernen Flaſchen in
der Kältemiſchung, um zu ſehen, was da geſchieht.
Ihr bemerkt, daß zwiſchen dem Waſſer in den Flaſchen
und dem Eis in dem äußeren Gefäß keine Verbindung
ſtattfindet. Aber dennoch wird von dem einen zum
andern Wärme übergehen, und wenn wir Glück haben
— wir machen unſer Experiment freilich in zu großer
Haſt — ſo erwarte ich, daß wir mit der Zeit, ſobald
die Flaſchen und ihr Inhalt kalt geworden ſind, einen
Knall hören werden, der vom Zerberſten der einen
aber der anderen herrührt. Wenn wir dann die Flaſchen
unterſuchen, werden wir als ihren Inhalt Eismaſſen
finden, die theilweiſe von der Eiſenumkleidung bedeckt
ſind, welche zu eng für ſie geworden war, weil die Eis=
maſſe größer wurde als die Waſſermaſſe vorher. Ihr
wißt, daß eine Eisſcholle auf dem Waſſer ſchwimmt.
Wenn Jemand durch ein Loch ins Waſſer fällt, ſo
ſucht er wieder aufs Eis zu kommen, welches ihn oben
halten ſoll. Warum ſchwimmt das Eis? — Denkt
darüber nach und erklärt es mir! Nun, weil die Eis=
ſcholle größer iſt als die Maſſe Waſſer, aus der ſie
entſtand; und deshalb muß das Eis weniger wiegen,
als eine gleichgroße Waſſermenge.

Kehren wir zur Wirkung der Hitze auf das Waſſer
zurück. Seht, was für ein Dampfſtrom aus dem
Blechgefäß entweicht. Ihr bemerkt, daß es völlig mit

Dampf angefüllt sein muß, der ja sonst nicht in dieser großen Menge herausströmen würde. Und nun, wie wir das Wasser durch Hitze in Dampf verwandeln können, so verwandeln wir es zurück in flüssiges Wasser durch Anwendung von Kälte. Wenn wir ein Glas oder irgend einen kalten Gegenstand über den Dampf halten — seht nur, wie bald es durch den Wasserdampf undurchsichtig wird; es condensirt das Wasser, das nun an den Seiten herabläuft, und diese Condensirung wird fortdauern, bis das Glas erwärmt ist; gerade so, wie der Dampf, den wir früher als Verbrennungs= product einer Kerze erhielten, am Boden einer Schale als flüssiges Wasser verdichtet wurde. — Ich werde nun noch einen anderen Versuch anstellen, um die Zurückführung des Wassers aus dem dampfförmigen Zustand in den flüssigen und zugleich die große Raum= veränderung, welche damit verbunden ist, zu zeigen. An dem Blechcylinder, in welchem wir Wasser zum Kochen erhitzten, und welcher jetzt ganz mit Dampf gefüllt ist, befindet sich ein Hahn. Ich schließe diesen und wir werden sehen, was geschieht, wenn wir diesen Wasserdampf in die flüssige Form zurückzukehren zwingen, indem wir die Außenseite des Cylinders mit kaltem Wasser begießen. [Der Vortragende gießt kaltes Wasser über das Gefäß, welches augenblicklich nach innen zusammen= knickt.] Ihr seht, was sich ereignet hat. Wenn ich den Hahn geschlossen und dann das Gefäß erhitzt hätte, so würde es zersprungen sein. Wenn aber der Dampf wieder zu Wasser wird, so fällt das Gefäß zusammen, da durch die Condensirung des Dampfes inwendig ein leerer Raum entsteht. Ich zeige Euch diese Experimente, um den Satz zu bekräftigen, daß bei all diesen Vor-

Fig. 12.

gängen nichts geschieht, wodurch das Wasser in irgend etwas Anderes verwandelt würde — es ist und bleibt Wasser; und so muß das Gefäß nachgeben und knickt zusammen, wie es im entgegengesetzten Fall, infolge weiterer Erhitzung, nach außen zersprengt worden wäre.

Und wie groß stellt Ihr Euch den Umfang vor, den das Wasser in dampfförmiger Gestalt annimmt? Ihr seht diesen Würfel [indem er auf einen Kubikfuß deutet], daneben steht ein Kubikzoll, genau von derselben Form wie der Kubikfuß. Nun, diese Wassermenge (der Kubikzoll) ist im Stande, sich zu dieser Dampfmenge (dem Kubikfuß auszudehnen, oder umgekehrt, diese große Quantität Dampf zieht sich durch Erkaltung zu dieser kleinen Menge Wasser zusammen. [In diesem Augenblick zerplatzt eine der eisernen Fla-

Fig. 13.

schen.] Ah! Eine unserer Flaschen ist geborsten, und hier seht Ihr einen Sprung längs der einen Seite von $\frac{1}{8}$ Zoll Breite. [Jetzt explodirt auch die andere und schleudert die Kältemischung nach allen Richtungen umher.] Auch die andere Flasche ist zersprengt, obgleich sie beinah $\frac{1}{2}$ Zoll stark war. Derartige Veränderungen gehen stets im Wasser vor sich, und sie brauchen nicht etwa immer durch künstliche Mittel hervorgerufen zu werden — wir gebrauchten sie hier nur, um einen kleinen Winter um diese Flaschen herum herzustellen, statt eines langen und strengen. Wenn Ihr nach Kanada oder auch nach dem Norden von Europa geht, so werdet Ihr finden,

daß dort die Temperatur vor der Hausthür ganz das=
selbe thut, was hier die Kältemischung bewirkte.

Doch zurück nun zu unserem Gegenstand! Wir
wollen uns also in der Folge durch irgend welche Ver=
änderung im Wasser nicht täuschen lassen. Ich wieder=
hole: Wasser ist überall dasselbe, ob es nun aus dem
Ozean oder aus der Kerzenflamme herstammt. Wo ist
denn das Wasser, welches wir von unserer Kerze er=
hielten? Indeß — ich muß hier ein wenig vorweg=
greifen. Es ist ganz augenscheinlich, daß das Wasser
von der Kerze kommt. Aber war es denn in der Kerze
schon vorhanden? Nein. Es ist nicht in der Kerze
und nicht in der umgebenden Luft, welche die Kerze zur
Verbrennung gebraucht; es ist weder in der einen,
noch in der andern, sondern es entsteht aus ihrer
wechselseitigen Einwirkung; der eine Theil stammt aus
der Kerze, der andere aus der Luft. Dies nun ist die
Spur, die wir genau zu verfolgen haben, um zum
vollen Verständniß des chemischen Vorganges zu gelangen,
welcher stattfindet, wenn die Kerze vor uns auf dem
Tische brennt. Wie sollen wir dazu gelangen? Ich
weiß Wege genug; aber ich möchte, daß Ihr es durch
eigene Ueberlegung, durch Nachdenken über das bereits
Gesagte auffändet. Ich traue Euch in dieser Beziehung
schon einen ziemlich hellen Blick zu.

Bei einem früheren Versuche, den uns Humphry
Davy gelehrt, sahen wir, wie ein Körper, nämlich das
Kalium, auf Wasser einwirkte. Um es Euch ins

Gedächtniß zurückzurufen, will ich jetzt das Experiment
auf diesem Teller wiederholen. Wir haben es mit
einem Ding zu thun, das sehr vorsichtig behandelt sein
will; denn Ihr seht: wenn ich die Masse nur mit
einem kleinen Tröpfchen Wasser bespritze, so geräth sie
sofort theilweise in Brand; und wenn die Luft frei
hinzutreten könnte, so würde das Ganze schnell in
Feuer aufgehen. Es ist dies ein schönes und glänzen=
des Metall, welches in der Luft und, wie Ihr wißt,
im Wasser sich äußerst rasch verändert. Ich werde
nun ein Stückchen auf Wasser legen, und Ihr seht es
wundervoll brennen, indem es eine schwimmende Lampe
bildet, wobei es Wasser anstatt Luft verbraucht. Nehmen
wir ferner ein wenig Eisenfeil= oder Drehspäne und
legen sie in Wasser, so finden wir, daß sie ebenfalls
eine Veränderung erleiden. Sie verändern sich zwar
nicht so rasch wie das Kalium, aber im Ganzen in
derselben Weise. Sie werden rostig und zeigen eine
Einwirkung auf das Wasser, und wenn auch der Grad
derselben ein geringerer ist, als beim Kalium, so ist
doch die Art ihrer Einwirkung auf das Wasser im
Großen und Ganzen dieselbe. Ich muß Euch bitten,
diese verschiedenen Punkte genau zu merken. Hier
habe ich ein anderes Metall, Zink, und als wir uns
mit der festen Masse beschäftigten, die bei seiner Ver=
brennung entsteht, hatten wir Gelegenheit, zu sehen,
daß es brennbar ist; ich glaube nun, wenn ich einen
kleinen Streifen von diesem Zink nehme und über die

Kerzenflamme halte, so werdet Ihr ein Mittelding vom
Verbrennen des Kalium und von der Reaction des
Eisens auf Wasser beobachten — seht, es findet eine
Art von Verbrennung statt. Es ist verbrannt, und
das Product ist eine weiße Asche. Auch dieses Metall
übt eine gewisse Wirkung auf das Wasser aus.

Nach und nach haben wir gelernt, die Wirkungen
dieser verschiedenen Körper zu beherrschen und sie zu
zwingen, uns zu sagen, was wir wissen wollen. Zu=
nächst noch etwas vom Eisen. Es ist eine gewöhnliche
Erfahrung bei allen chemischen Prozessen, daß sie
durch Anwendung der Wärme gefördert werden,
und wenn wir die Wirkung der Körper auf einander
genau und sorgsam studiren wollen, so müssen wir
stets den Einfluß der Wärme mit berücksichtigen. Ihr
werdet wohl noch wissen, daß Eisenfeilspäne sehr schön
in der Luft brennen; aber ich will Euch noch ein
anderes Experiment zeigen, welches Euch das Verständ=
niß dessen erleichtern wird, was ich von der Einwirkung
des Eisens auf Wasser sagen will. Wenn ich eine
Flamme nehme und sie hohl mache — Ihr wißt,
warum: ich will ihr Luft sowohl von innen als von
außen zuführen — und streue dann Eisenfeilspäne in
die Flamme, so seht Ihr sie recht hübsch brennen.
Diese Verbrennung wird natürlich durch den chemischen
Prozeß bewirkt, der bei der Entzündung dieser Theil=
chen vor sich geht. Und so wollen wir nun weiter
fortschreiten und untersuchen, was das Eisen thut, wenn

es mit Wasser in Berührung kommt. Es wird uns
seine Geschichte so schön, so stufenweise und regelmäßig
erzählen, daß ich glaube, es wird Euch sehr gefallen.

Ich habe hier einen Schmelzofen, durch den eine
eiserne Röhre, ein Flintenlauf, geht; diesen Lauf habe
ich mit blanken Eisendrehspänen vollgestopft und ins
Feuer gelegt, um ihn rothglühend zu machen. Wir

Fig. 14.

können entweder Luft durch den Lauf streichen lassen,
um sie mit den Drehspänen in Berührung zu bringen,
oder wir können aus diesem kleinen Kochgefäß am Ende
des Laufs Wasserdampf hindurchschicken. Hier ist ein
Hahn, der den Dampf so lange vom Laufe abschließt,
bis wir ihn hindurchlassen wollen. In diesen Glas-
gefäßen links ist etwas Wasser, welches ich blau

gefärbt habe, damit Ihr beſſer ſeht, was darin vor ſich
geht. Nun wißt Ihr doch recht gut, daß der Dampf,
wenn ich ihn durch dieſen Lauf und alsdann durch das
kalte Waſſer leite, ſich eigentlich wieder verdichten müßte;
denn Ihr habt geſehen, daß der Waſſerdampf ſeine
Gasform nicht behalten kann, ſobald er abgekühlt wird.
Ihr ſaht, wie er hier [auf den eingedrückten Blech=
cylinder*) zeigend] ſich auf einen ſo kleinen Raum
zuſammenzog, daß das Gefäß von der äußern Luft
eingedrückt wurde. Alſo — laſſe ich Dampf durch
den Lauf hindurchgehen, ſo wird er condenſirt werden
— vorausgeſetzt, daß der Lauf kalt geblieben wäre.
Aber um das Experiment machen zu können, das ich
Euch jetzt zeigen will, iſt er eben erhitzt worden. Ich
laſſe nun den Dampf in kleinen Mengen durch den
Lauf hindurch, und Ihr ſollt ſelbſt ſagen, ob es noch
Dampf iſt. Der Dampf läßt ſich zu Waſſer ver=
dichten; ſetzt man ſeine Temperatur herab, ſo ver=
wandelt er ſich zurück in flüſſiges Waſſer; nun habe
ich doch die Temperatur des Gaſes, welches ich in
dieſem Gefäß aufgefangen, dadurch verringert, daß ich
es nach ſeinem Austritt aus dem Flintenlauf durch
Waſſer gehen ließ, und trotzdem will es nicht wieder
zu Waſſer werden. Ich will noch einen andern Ver=
ſuch damit anſtellen. [Ich halte das Gefäß umgekehrt,
damit mir die Subſtanz nicht entwiſcht.] Wenn ich

*) Siehe Fig. 12, Seite 91.

ein Licht an die Oeffnung des Gefäßes bringe, so fängt dessen Inhalt mit gelindem Geräusch Feuer. Dies sagt Euch, daß es kein Wasserdampf ist; Dampf löscht ein Licht aus, brennt aber nicht, während Ihr doch das, was ich in dem Gefäß habe, brennen seht. Wir können diese Substanz ebenso aus dem Wasser erhalten, welches aus der Kerze oder auf andere Art gewonnen wurde. Wenn sie durch Einwirkung der Eisenspäne auf den Wasserdampf entsteht, so bleibt das Eisen in einem ähnlichen Zustande zurück, wie die Feilspäne, wenn sie verbrannt werden. Das Eisen hat dabei an Gewicht zugenommen. So lange das Eisen in der Röhre allein bleibt, und ohne Zutritt von Luft oder Wasser erhitzt und wieder abgekühlt wird, verändert es sein Gewicht nicht; ist aber ein solcher Dampfstrom darüber hinweggegangen, so wird es schwerer, weil es einen Bestandtheil des Dampfes in sich aufgenommen hat, während der andere Bestandtheil weiterging und hier von uns aufgefangen wurde. Und nun, da wir noch ein anderes Gefäß voll haben, will ich Euch daran eine sehr interessante Erscheinung zeigen. Es ist ein brennbares Gas, und ich könnte den Inhalt des Gefäßes auf einmal anzünden, um Euch das zu be= weisen; aber ich will Euch mehr zeigen, wenn es geht. Es ist auch eine sehr leichte Substanz. Es steigt in der Luft empor und läßt sich nicht wie Wasserdampf verdichten. Ich nehme ein anderes Glasgefäß, welches nichts als Luft enthält; wenn ich es mit einem Wachs=

stock untersuche, finde ich, daß nichts als Luft darin
ist. Ich nehme nun dieses Gefäß mit unserm neuen
Gase und verfahre mit demselben, als ob es ein leichter
Körper wäre. Ich halte zunächst beide Gefäße neben
einander, die Mündungen nach unten. Nun kehre ich
das mit dem neuen Gas gefüllte um, sodaß seine
Mündung aufwärts und gerade unter die Mündung
des mit Luft gefüllten kommt. Das, welches vorhin
das Gas enthielt, was enthält es jetzt? Ihr findet,
daß es nur Luft enthält. Aber
seht! Hier in dem andern Ge=
fäß ist das brennbare Gas,
das ich also aus einem Gefäß
in das andere, und zwar auf=
wärts ausgegossen habe. Es
besitzt noch gänzlich seine vori=
gen Eigenschaften und verharrt
in seiner Selbständigkeit; und

Fig. 15.

es ist für unsere weiteren Untersuchungen über die Ver=
brennungsproducte der Kerze von großem Werth.

Wir können aber die Substanz, welche wir eben
durch die Einwirkung des Eisens auf Dampf oder
Wasser bereitet haben, auch mit Hülfe jener anderen
Körper darstellen, die Ihr bereits so schön auf Wasser
habt wirken sehen. Wenn ich ein Stück Kalium nehme
und die nöthigen Vorkehrungen treffe, so gewinne ich
dasselbe Gas; und wenn ich dafür ein Stück Zink an=
wende, so finde ich bei genauer Untersuchung, daß es

zunächst in gleicher Weise einwirkt. Aber das nächste
Product dieser Einwirkung hüllt das Zink gleichsam
wie ein Mantel ein, sodaß das metallische Zink nicht
mehr direct mit Wasser in Berührung steht.   Wir
können deshalb, wenn wir nur Zink und Wasser in
unser Gefäß thun, keine großen Resultate erhalten;
und in der That zeigen diese beiden Körper für sich
allein nur wenig Reaction.   Nehme ich aber jenen

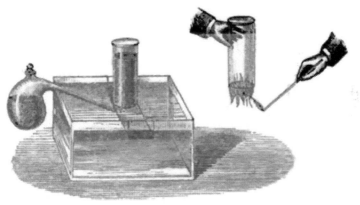

Fig. 16.

Ueberzug hinweg, löse ich die einhüllende Substanz ab,
was ich durch ein wenig Säure leicht bewerkstelligen kann,
so finde ich sogleich, daß das Zink gerade so auf das
Wasser wirkt wie Eisen, aber bei gewöhnlicher Tem=
peratur. Die Säure ermöglicht dieses, indem sie mit
dem Zinkoxyd, das sich gebildet hat, in Verbindung
tritt. Ich habe jetzt die Säure in das Glas ge=
gossen, und es ist gerade, als hätte ich den Inhalt
erhitzt, um dies scheinbare Aufkochen zu bewirken. Es

steigt nun etwas vom Zink auf, sehr reichlich; das ist aber kein Dampf. Hier habe ich ein Gefäß voll davon, und Ihr werdet finden, daß ich genau dieselbe brennbare Substanz habe, die auch in dem Gefäß bleibt, wenn ich es umkehre, wie die, welche ich bei dem Experiment mit dem Flintenlauf gewann. Dieses aus dem Wasser dargestellte Gas ist wiederum dasselbe, wie es in der Kerze enthalten ist.

Versuchen wir nun, den Zusammenhang zwischen diesen beiden Erscheinungen genau zu bestimmen. Hier ist Wasserstoff — ein Körper, den man in der Chemie unter die sogenannten Elemente zählt, das sind Körper, die man nicht weiter in verschiedenartige Stoffe zerlegen kann. Eine Kerze ist kein Element, denn wir können aus ihr Kohle darstellen; wir können ferner aus ihr, oder doch aus dem Wasser, das sie liefert, Wasserstoff darstellen. Der Wasserstoff wird nach dem Griechischen auch Hydrogen genannt, weil er das Element ist, das in Verbindung mit einem anderen Wasser erzeugt (ὕδωρ, Wasser — γεννάω, ich erzeuge). Nachdem nun Herr Anderson zwei oder drei Gefäße mit dem Gase gefüllt hat, werde ich Euch jetzt ein paar Experimente damit zeigen. Ich habe kein Bedenken, sie Euch zu zeigen; denn ich wünsche sogar, daß Ihr sie nachmacht, wenn Ihr es nur mit Vorsicht und Aufmerksamkeit und unter Zustimmung Eurer Umgebung thut. Je weiter wir in der Chemie vorrücken, desto häufiger sind wir genöthigt, mit Substanzen umzugehen, die an

unrechter Stelle leicht Unheil anrichten können; die
Säuren, die leicht entzündlichen Stoffe, die wir ge=
brauchen, auch das Feuer, können verletzen, wenn sie
sorglos gehandhabt werden. Wenn Ihr Wasserstoff
darstellen wollt, so könnt Ihr das ganz leicht mittelst
Zinkstückchen, Schwefel= oder Salzsäure und Wasser.
Hier habe ich, wie man sie früher nannte, eine
„Philosophen=Lampe". Es ist ein kleines Fläschchen
mit einem Kork und einer
Glasröhre durch denselben. Ich
thue jetzt ein paar kleine Stück=
chen Zink hinein. Dieser kleine
Apparat ist sehr nützlich für
unsere Demonstration; ich werde
Euch zeigen, wie Ihr damit
Hydrogen machen und einige
Experimente zu Hause anstellen
könnt. Ich will Euch sagen,
warum ich die Flasche so sorg=
fältig fast voll, aber doch nicht

Fig. 17.

ganz voll mache. Ich thue es, weil das herausströ=
mende Gas, von dem Ihr wißt, daß es sehr leicht
brennt, explodiren und dadurch Unheil anrichten würde,
wenn es beim Anzünden noch mit Luft vermischt wäre,
wenn ich es also an der Oeffnung der Röhre ent=
zündete, bevor alle Luft aus dem Raume über dem
Wasser verdrängt ist. Ich thue nun Schwefelsäure hinein.
Ich wähle das Mengenverhältniß von Zink, Schwefel=

säure und Wasser so, daß ich einen regelmäßigen Strom
erhalte — nicht zu schnell und nicht zu langsam. Wenn
ich jetzt ein Glas nehme und es verkehrt über das Ende
der Röhre halte, so wird es sich mit Wasserstoffgas
füllen, und ich denke, dasselbe wird sich, weil es leichter
ist als Luft, einige Zeit darin halten. Wir wollen
jetzt den Inhalt unseres Glases prüfen, um zu sehen,
ob unsere Vermuthung richtig ist — nun, ich denke,
wir können sagen, wir haben es [indem er es an=
zündet] — da ist's, seht! Ich werde es nun am obern
Ende der Röhre anzünden. Seht, der Wasserstoff brennt.
Da haben wir unsere Philosophenkerze. Es ist nur
ein ärmliches, schwächliches Flämmchen, mögt Ihr sagen;
es ist aber so heiß, daß kaum eine andere gewöhnliche
Flamme eine so große Hitze liefert. Es brennt regel=
mäßig weiter, und ich will diese Flamme nun unter
einer besonderen Vorrichtung brennen lassen, damit wir
ihre Verbrennungsproducte prüfen und den möglichsten
Nutzen aus dem Versuche ziehen können. Da doch die
Kerze Wasser entwickelt und dieses Gas aus dem Wasser
kommt, so wollen wir nun sehen, was uns dieses durch
denselben Verbrennungsprozeß liefert, dem die Kerze
unterlag, als sie an der atmosphärischen Luft brannte,
und ich setze die Lampe deshalb unter diesen Apparat,
um das zu condensiren, was aus der Wasserstoffflamme
in denselben aufsteigt.

Nach kurzer Zeit werdet Ihr die Feuchtigkeit im
Cylinder erscheinen und Wasser an den Wänden herab=

laufen sehen, und dieses Wasser aus unserer Wasser=
stoffflamme wird ganz eben dieselben Wirkungen auf
unsere Prüfungsmittel ausüben, wie wir sie früher bei
demselben Verfahren beobachtet haben.

Der Wasserstoff ist so leicht, daß er andere Kör=
per emporhebt; er ist bedeutend leichter als die atmo=
sphärische Luft, und ich werde Euch das an einem Ex=
periment zeigen, welches wohl Einige von Euch bei

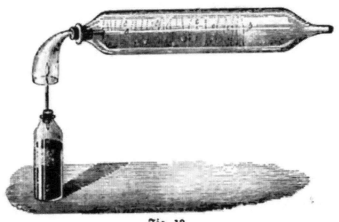

Fig. 18.

einiger Sorgfalt nachmachen können. Hier ist unser
Wasserstoff=Erzeuger, und hier ist etwas Seifenwasser.
Ich habe einen Kautschukschlauch mit dem Wasserstoff=
apparat verbunden und am Ende der Röhre eine Thon=
pfeife angebracht. Ich kann die Pfeife in das Wasser
stecken und mit Hilfe des Wasserstoffs Seifenblasen
machen. Ihr seht, daß die Blasen herabfallen, wenn
ich sie mit meinem warmen Athem aufblase; nun aber
bemerkt den Unterschied, wenn ich sie mit Wasserstoff

aufblase! [Der Vortragende macht einige Wasserstoff=
blasen, die an die Decke des Zimmers emporsteigen.]
Da seht Ihr, wie leicht das Gas sein muß, da es nicht
allein die Seifenblase selbst, sondern auch noch einen
großen Tropfen, der unten daran hängt, mit in die
Luft nimmt. Ich kann seine Leichtigkeit auf noch
bessere Weise zeigen; auch größere Blasen als diese
können so emporgehoben werden, und man gebrauchte
es in der That früher zum Füllen der Luftballons.
Herr Anderson wird diese Röhre an unsern Apparat
befestigen, und wir werden hier einen Wasserstoffstrom
erhalten, mit dem wir diesen Ballon aus Collodium
füllen wollen. Ich brauche mir auch gar keine große
Mühe zu geben, alle Luft aus dem Ballon zu ver=
drängen, denn die Hebekraft des Gases ist sehr be=
deutend. [Zwei Collodium=Ballons werden gefüllt und
losgelassen, von denen der eine an einer Schnur ge=
halten wird.] Hier ist ein anderer, größerer Ballon,
aus ganz dünnem Häutchen verfertigt, den wir füllen
und aufsteigen lassen wollen. Ihr werdet sehen, daß
sie so lange herumfliegen, bis alles Gas daraus ent=
wichen ist.

Die außerordentliche Leichtigkeit des Wasserstoffs wird
Euch noch deutlicher werden, wenn wir sein Gewicht
mit dem eines anderen bekannten Stoffes, z. B. des
Wassers, vergleichen. 1 Liter Wasser wiegt, wie Ihr
wißt, 1 Kilogramm oder 1000 Gramm; 1 Liter Wasser=
stoffgas wiegt — unter gewöhnlichen Umständen —

noch nicht $^1/_{10}$ Gramm! Und während 1 Kilogramm
Wasser den Raum von 1 Liter einnimmt, würde
1 Kilogramm Wasserstoff, wie wir ihn hier auffangen,
mehr als 11000 Liter erfüllen!

Der Wasserstoff erzeugt keine Verbindung, die
während der Verbrennung oder später als Verbren=
nungsproduct fest wird; wenn er verbrennt, so liefert
er nur Wasser; wenn wir ein kaltes Glas nehmen und
es über die Flamme halten, so wird es undurchsichtig,
und wir erhalten augenblicklich Wasser in merklicher
Menge; und nichts anderes wird bei seiner Verbren=
nung erzeugt, als eben dasselbe Wasser, welches Ihr
bei der Verbrennung der Kerze entstehen saht. Es ist
wichtig festzuhalten, daß Wasserstoff der einzige Körper
in der Natur ist, welcher Wasser als das einzige Pro=
duct seiner Verbrennung erzeugt.

Wir sind jetzt genöthigt, noch einige nachträgliche
Versuche über die allgemeinen Eigenschaften und die
Zusammensetzung des Wassers anzustellen, weswegen
ich Euch noch eine kurze Zeit in Anspruch nehmen
muß; wir sind dann bei unserer nächsten Zusammen=
kunft besser auf den Gegenstand vorbereitet. Wir haben
es in der Gewalt, das Zink, welches Ihr mit Hülfe
von Säure auf das Wasser wirken sahet, so in Thätig=
keit zu setzen, daß sich alle Kraft an den Ort wendet,
wohin wir es wünschen. Ich habe hinter mir eine
Volta'sche Säule und will Euch zum Schluß des heu=
tigen Vortrags ihre eigenthümlichen Kräfte zeigen. Ich

halte hier die Drahtenden, welche die Kraft fortleiten, und will sie auf Wasser wirken lassen.

Wir haben früher gesehen, was das Kalium für eine Verbrennungskraft besitzt, ebenso das Zink und die Eisenfeilspäne; aber bei keinem zeigt sich so energische Kraft wie hier. [Der Vortragende läßt die beiden Enden der Leitung sich berühren, und es zeigt sich ein glänzendes Licht.] Dieses Licht ist durch die Kraft von 40 Zinkplatten hervorgebracht; es ist eine Kraft, die ich durch diese Drähte ganz nach meinem Belieben leiten kann, obwohl sie mich, wenn ich sie auf meinen Körper wirken ließe, im Augenblick vernichten würde; und so groß ist die Kraft, die Ihr hervorgebracht seht, während Ihr 5 zählt [indem er die Pole in Berührung bringt und das electrische Licht erzeugt], daß sie der Gewalt manches Gewitters gleich zu schätzen ist. Damit Ihr eine Anschauung von dieser ihrer Energie bekommt, will ich die Drahtenden nehmen, welche die Kraft von der Batterie hierherleiten, und seht: diese Eisenfeilspäne kann ich damit verbrennen! Nun, diese gewaltige che= mische Kraft werde ich bei unserer nächsten Zusammen= kunft auf Wasser wirken lassen, und Ihr werdet sehen, was der Erfolg sein wird.

Vierte Vorlesung.

Chemische Wirkungen des electrischen Stroms. Zerlegung des Wassers durch denselben. Wiederbildung von Wasser durch Entzündung des Knallgases. Sauerstoff, der zweite Bestandtheil des Wassers. Quantitative Zusammensetzung des Wassers. Darstellung und Eigenschaften des Sauerstoffs. Seine Rolle bei den Verbrennungserscheinungen.

Wir haben an unserer brennenden Kerze gefunden, daß sie Wasser erzeugt, welches genau dem Wasser gleich ist, das wir in der Natur um uns her antreffen; und bei weiterer Untersuchung dieses Wassers fanden wir darin jenen merkwürdigen Körper — den Wasserstoff, jene leichte Substanz, von der wir dort in dem Gefäße noch etwas vorräthig haben. Wir sahen darauf die Glühhitze, mit der das Wasserstoffgas brennt, und daß dabei Wasser entsteht. Und zuletzt habe ich Eure Aufmerksamkeit auf einen Apparat gelenkt, von dem ich kurz sagte, er sei eine Anordnung von gewaltiger chemischer Kraft, und zwar so eingerichtet, daß er seine Kraft durch diese Drähte uns zuführt; auch sagte ich noch, ich würde seine Kraft auf das Wasser einwirken lassen. Das nun will ich jetzt thun, um das Wasser in seine Bestandtheile zu zerlegen, damit wir sehen, was außer dem Wasserstoff noch im Wasser enthalten ist; denn wir bekamen damals, als wir den Wasserdampf durch den glühenden Flintenlauf streichen ließen, durchaus nicht das Gewicht des Wassers zurück, welches wir in Dampfform angewandt hatten, obgleich wir eine große Menge Gas gewannen. Wir müssen nun also sehen, was für eine andere Substanz noch darin enthalten ist.

Damit Ihr die Eigenthümlichkeiten der Volta'schen Säule kennen und die Vortheile, die sie uns bietet, schätzen lernt, wollen wir jetzt etliche Experimente anstellen. Wir wollen zuerst einige Substanzen ihrer Einwirkung aus= setzen, die wir kennen, und dann sehen, was unser Apparat mit ihnen vornimmt. Hier ist etwas Kupfer (beobachtet die verschiedenen Veränderungen, die es erleiden kann!) und hier ist Salpetersäure, Ihr werdet nun finden, daß die letztere, da sie ein starkes chemisches Agens ist, bedeutend auf das Kupfer einwirkt, wenn ich sie damit zusammenbringe. Ihr seht jetzt einen schönen rothen Dampf aufsteigen; aber da wir diesen Dampf nicht gebrauchen und ihn auch nicht einathmen wollen, so wird Herr Anderson das Gefäß einige Zeit unter den Rauch= fang halten, damit wir Nutzen und Schönheit des Experi= ments zugleich haben ohne die Belästigung. Das Kupfer, welches ich in die Flasche gelegt habe, löst sich auf, es verwandelt die Säure und das Wasser in eine blaue Flüssigkeit, die Kupfer und andere Dinge enthält, und ich will Euch dann zeigen, wie die Volta'sche Batterie damit verfährt. Inzwischen aber wollen wir einen anderen Versuch anstellen, der Euch die Kraft derselben zeigen soll. Hier ist eine Substanz, die uns wie Wasser erscheint, d. h. sie enthält Bestandtheile, die wir jetzt noch nicht kennen, ebenso wie das Wasser einen Bestandtheil enthält, den wir noch nicht kennen. Diese Auflösung eines Salzes will ich nun auf Papier bringen, darauf ausbreiten und dann die Kraft der Batterie darauf wirken lassen. Paßt auf, was geschieht! Drei oder vier wichtige Dinge geschehen, von denen wir Nutzen ziehen wollen. Ich lege dieses nasse Papier auf ein Stück Zinnfolie, die sich zu diesem Zweck gut eignet. Ihr sehet, die Lösung ist durchaus nicht verändert worden, weder durch das Papier, worauf ich sie geschüttet, noch durch die Zinnfolie, noch durch irgend etwas Anderes, was ich damit in Berührung gebracht habe; es steht uns also frei, unsern Apparat darauf wirken zu lassen. Indeß wollen wir erst zusehen, ob dieser ganz in Ordnung ist. Hier sind die Drähte. Wir wollen doch einmal sehen, ob er sich noch in dem Zustande wie das letzte Mal befindet. Das können wir bald erfahren. Wenn ich die Drathenden jetzt zusammenbringe, so erhalten wir keine Kraftäußerung, da die Leiter (die wir Electroden nennen), die Durchgänge oder Wege für die Electrizität, unterbrochen sind; aber jetzt hat mir Herr Anderson hierdurch [indem er sich auf einen plötzlich aufleuchtenden Blitz bezieht] telegraphirt daß Alles bereit ist. Ehe wir unsern Versuch beginnen, soll Herr Anderson wieder den Contact an der Batterie

hinter mir unterbrechen, und wir wollen einen Platin=
draht zwischen die Pole spannen, und dann, wenn ich
finde, daß ich diesen Draht in ziemlicher Länge glühend
machen kann, sind wir des Erfolges bei unserm Experi=
mente sicher. Sogleich werdet Ihr die Kraft in Thätig=
keit sehen. [Die Verbindung wird hergestellt, und der
zwischenliegende Draht wird rothglühend.] Die Kraft
geht wundervoll durch den Draht hindurch, und nun,
da wir ihrer Gegenwart sicher sind, wollen wir zu ihrer
Anwendung bei Untersuchung des Wassers schreiten.

　Hier habe ich zwei Stücke Platin, und wenn ich
sie auf dieses Stück Papier lege (das eingefeuchtete Papier
auf der Zinnfolie), so werdet Ihr durchaus keine Wirkung
sehen; ich nehme sie in die Höhe, und Ihr seht, daß
keine Veränderung eingetreten, sondern Alles noch ist
wie zuvor. Jetzt indessen seht, was geschieht: wenn ich
diese beiden Pole (d. i. die Enddrähte der Batterie)
nehme und einen oder den andern jeden besonders auf
die Platinplättchen lege, so richten sie gar nichts aus —
beide sind vollständig ohne Wirkung; wenn ich sie aber
beide in demselben Augenblicke in Contact damit setze —
seht her, was sich ereignet! [Ein brauner Fleck erscheint
unter jedem Pole der Batterie.] Ihr seht, daß sich
von dem Weißen etwas abgetrennt hat — etwas Braunes.*)

---

*) Der im Texte beschriebene Versuch setzt voraus, daß
das Papier mit einer Auflösung von Bleizucker (oder einem
ähnlichen Metallsalze) getränkt ist. Der Vorgang ist nicht ganz
einfach und entzieht sich einer näheren Besprechung an dieser

Ich zweifle nicht, daß, wenn ich den einen Pol an die Zinnfolie auf der andern Seite des Papiers anbringen würde, ich eine ebenso schöne Wirkung auf dem Papier bekomme, und ich möchte wohl versuchen, ob ich damit nicht schreiben kann, etwa ein Telegramm. [Der Vortragende schreibt mit dem einen Draht das Wort „Jüngling" auf das Papier.] Seht, zu welch wunderschönen Resultaten wir gelangen!

Ihr seht, wir haben aus dieser Lösung etwas gezogen, was wir vorher nicht kannten. Jetzt wollen wir diese Flasche aus Herrn Andersons Hand nehmen und zusehen, was wir daraus abscheiden können. Sie enthält, wie Ihr wißt, eine Flüssigkeit welche wir soeben aus Kupfer und Salpetersäure selbst dargestellt haben, indeß wir unsere andern Versuche vornahmen. Obwohl ich das Experiment etwas zu hastig machen muß und dabei gern mancher kleine Fehler unterläuft, so will ich Euch doch lieber zusehen lassen, was ich mache, als Alles schon im Voraus zu bereiten.

Nun paßt auf, was geschieht! Diese zwei Platinplatten sind die beiden Enden des Apparats (oder vielmehr, ich werde sie gleich dazu machen), und ich will sie in Berührung mit jener Lösung bringen, gerade wie wir oben mit dem Papier gemacht haben. Es kümmert

---

Stelle. — Wendet man statt des genannten Bleizuckers eine wässrige Auflösung von Jodkalium an, der ein wenig dünnen Stärkekleisters beigefügt ist, so erscheint statt des braunen ein schön blauer Fleck.

uns nicht, ob die Lösung in dem Papier oder in dem
Gefäß ist, wenn wir nur die Enden des Apparats mit
derselben in Berührung bringen. Wenn ich diese beiden
Platinbleche allein hineintauche, so kommen sie so rein
wieder heraus, wie sie hinein kamen [indem er sie in
die Flüssigkeit taucht, ohne sie mit der Batterie zu ver=
binden]; wenn wir aber die Kraft unserer Batterie hin=
zunehmen, und sie nun hineinlegen [die Bleche werden
mit der Batterie verbunden und wieder hineingetaucht],
so seht Ihr [indem er eins der Bleche herausnimmt],
daß dieses plötzlich in Kupfer verwandelt zu sein scheint,
wie wir es ursprünglich hatten; es ist wie ein kleiner
Kupferteller geworden; dieses Blech hingegen [indem er
das andere Platinblech herausnimmt] kommt ganz rein
heraus. Wenn ich das verkupferte Stück auf die andere
Seite nehme, so geht das Kupfer von der rechten zur
linken Seite; die früher verkupferte Fläche erscheint nun
rein, und die Fläche, welche früher rein war, kommt
jetzt mit Kupfer bekleidet heraus; und so seht Ihr, daß
wir dasselbe Kupfer, welches wir in die Lösung brachten,
auf diese Weise mit unserm Apparat wieder herausnehmen
können.

Lassen wir nun aber das Kupfer bei Seite und
sehen zu, welche Wirkung der Apparat auf das bloße
Wasser ausübt. Hier sind zwei kleine Platinplatten,
welche ich zu den Enden der Batterie machen werde, dies
kleine Gefäß (C) ist so beschaffen, daß ich es in Theile
zerlegen und Euch seine Construction zeigen kann. In

Faraday, Kerze.

diese zwei Schälchen gieße ich Quecksilber, welches die
Enden der Drähte A und B berührt, die mit den
Platinplatten verbunden sind. In das Gefäß C gieße
ich Wasser, das ein wenig Säure enthält (was nur
geschieht, um die Wirkung zu erleichtern, sonst aber keinen
Einfluß auf den Prozeß ausübt), und verbinde mit der
Oeffnung des Gefäßes eine gebogene Röhre (D), welche

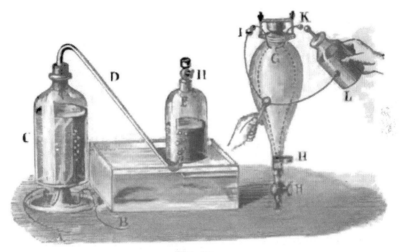

Fig. 19.

Euch an die Röhre erinnern mag, die mit dem Flinten=
lauf in unserem Ofen=Experiment verbunden war, und
die jetzt unter dem Gefäß F mündet. Unser Apparat
ist nun fertig, und wir wollen jetzt auf eine oder die
andere Weise auf das Wasser einzuwirken suchen. In
dem früheren Falle ließ ich das Wasser durch eine roth=
glühende Röhre gehen; jetzt dagegen lasse ich Electricität
durch den Inhalt des Gefäßes gehen. Vielleicht bringe

ich das Wasser zum Kochen; wenn es kocht, erhalte ich
Dampf; Ihr wißt, daß Wasserdampf sich verdichtet,
wenn er kalt wird, und werdet daraus erkennen, ob ich
das Wasser koche oder nicht. Vielleicht aber bringe ich
es gar nicht zum Kochen, sondern rufe eine andere Wirkung
hervor. Ich will Euch das Experiment vormachen, paßt
auf! Den einen Draht will ich auf dieser Seite (A)
und den andern auf jener (B) anbringen, und Ihr werdet
sehen, ob irgend eine Veränderung eintritt. Hier scheint
es aufzukochen; aber kocht es? Wir wollen nachsehen,
ob es in Dampfform austritt oder nicht. Ich glaube,
Ihr würdet das Gefäß (F) bald mit Dampf gefüllt sehen,
wenn das, was vom Wasser aufsteigt, Dampf wäre.
Aber kann das Dampf sein? O gewiß nicht! Ihr seht
ja, es bleibt unverändert. Es bleibt da über dem Wasser
stehen, kann also kein Dampf sein, sondern wir müssen
da irgend ein permanentes Gas vor uns haben. Was
aber ist es? Ist es Wasserstoff? Ist es etwas Anderes?
Nun, wir wollen es prüfen. Wenn es Wasserstoff ist,
wird es brennen. [Der Vortragende zündet einen Theil
des gesammelten Gases an, welches mit einer Explosion
verbrennt.] Es ist sicherlich etwas Brennbares, aber nicht
in derselben Weise brennbar wie Wasserstoff, denn Wasser=
stoff würde kein solches Geräusch gemacht haben; aber die
Farbe des Lichtes, das sich beim Brennen zeigte, glich
der des Wasserstoffs. Dabei ist aber noch besonders merk=
würdig: es brennt ohne Zufuhr von Luft. Um Euch
die besonderen Eigenthümlichkeiten dieses Vorganges zu

8*

zeigen, habe ich noch einen andern Apparat aufgestellt.
An Stelle eines offenen Gefäßes habe ich ein geschlossenes
genommen (unsere Batterie arbeitet so wunderschön, daß
wir damit sogar das Quecksilber zum Kochen bringen
könnten und Alles vortrefflich vor sich geht — nichts
verkehrt, sondern ganz richtig), und ich will Euch zeigen,
daß dieses Gas, was es auch sein mag, die Fähigkeit
besitzt, ohne Luft zu brennen und sich in dieser Beziehung
von der Kerze unterscheidet, die ohne Luft nicht brennen.
kann. Wir machen dies folgendermaßen: Ich habe hier
ein Glasgefäß (G), welches mit zwei Platindrähten
(K und I) verbunden ist, durch die ich einen electrischen
Funken überspringen lassen kann; wir können das Gefäß
auf eine Luftpumpe setzen und die Luft auspumpen, und
wenn dies geschehen, können wir es hierher bringen,
auf dem Gefäß (F) befestigen und durch Oeffnen der Hähne
H H H das Gas hineinlassen, welches durch die Einwirkung der Volta'schen Säule auf das Wasser entstand,
und welches wir also durch eine Verwandlung des Wassers
aus diesem erhielten — denn ich kann soweit gehen und
in der That sagen, wir haben durch unser Experiment
das Wasser in Gas verwandelt. Wir haben nicht nur
seine Beschaffenheit verändert, sondern es auch wirklich
und vollständig in diese gasförmige Substanz übergeführt.
Wenn ich nun also das Gefäß (G) auf das Gefäß (F) auf-
schraube, indem ich die Röhren gut verbinde, und dann die
Hähne öffne, so werdet Ihr an dem Steigen des Wassers
in (F) sehen, daß das Gas nach oben geht. Jetzt ist das

Gefäß (G) ganz damit angefüllt; ich schließe nun die
Hähne, nehme das Gefäß vorsichtig herunter und will
jetzt einen electrischen Funken aus der Leydner Flasche
(L) hindurchschlagen lassen, wodurch das Gefäß, welches
jetzt ganz klar ist, trüb werden wird. Es wird da=
durch nicht zertrümmert werden; denn es ist stark genug,
um die Explosion auszuhalten. [Der Vortragende
läßt einen Funken hindurchschlagen, durch den die ex=
plosionsfähige Mischung entzündet wird.] Saht Ihr
das glänzende Licht? Wenn ich dieses Gefäß nun
wieder an das untere Gefäß anschraube und die Hähne
öffne, so werdet Ihr am Nachsteigen des Wassers er=
kennen, daß das Gas zum zweiten Male steigt. [Die
Hähne werden geöffnet.] Das zuerst in dem Gefäß
gesammelte und eben durch einen electrischen Funken
entzündete Gas ist verschwunden, wie Ihr seht; sein
Platz ist leer, und neues Gas geht hinein. Es hat
sich Wasser gebildet, und wenn wir unsere letzte Ope=
ration wiederholen, werden wir abermals einen leeren
Raum bekommen, wie Ihr am Steigen des Wassers
sehen könnt. Nach der Explosion bekomme ich immer
ein leeres Gefäß, weil der Dampf oder das Gas, in
welches das Wasser durch die Batterie verwandelt wurde,
beim Durchschlagen des Funkens explodirt und wieder
zu Wasser wird; und nach und nach werdet Ihr in
dem oberen Gefäße einige Tropfen an den Seiten
herabrinnen und sich am Boden sammeln sehen.

Wir haben hier eine neue Bildung des Wassers

herbeigeführt, bei welcher die Atmosphäre gar nicht in
Betracht kommt. Das Wasser aus der Kerze hatte sich
unter Mitwirkung der Atmosphäre gebildet; auf diesem
Wege aber entsteht es unabhängig von der Luft. Demnach
müßte im Wasser jene andere Substanz enthalten sein,
welche die Kerze aus der Luft entnimmt und durch
deren Verbindung mit Wasserstoff Wasser entsteht.

Nun saht Ihr eben, daß das eine Ende der Bat=
terie das Kupfer an sich zog, welches es in jenem Ge=
fäß aus der blauen Flüssigkeit ausschied. Das wurde
durch diesen Draht bewerkstelligt; und wenn die Bat=
terie auf eine metallische Lösung eine solche Kraft aus=
übt, die wir beliebig in Wirksamkeit oder außer Wirk=
samkeit setzen können, sollten wir da nicht auch fragen
dürfen, ob es vielleicht möglich ist, die Bestandtheile
des Wassers von einander zu scheiden und sie beliebig
zu versetzen? Versuchen wir's! Ich nehme die Pole —
die metallischen Enden dieser Batterie — und nun
paßt einmal auf, was mit dem Wasser in diesem Ap=
parat geschehen wird, wo wir die Pole weit von ein=
ander getrennt haben. Ich bringe den einen hierher
(nach A), den andern hierher (nach B), und hier habe
ich kleine Brettchen mit Löchern, die ich auf jeden Pol
setzen und so anbringen kann, daß das, was von den
Enden der Batterie ausgeht, als getrenntes Gas er=
scheint; denn Ihr saht ja vorhin, daß das Wasser nicht
in Dampf, sondern in Gas überging. Die Drähte
sind jetzt in vollkommener Verbindung mit dem Gefäß,

welches das Wasser enthält, und Ihr seht Blasen emporsteigen; wir wollen sie sammeln und untersuchen. Hier ist ein Glascylinder (O); den fülle ich mit Wasser und stelle ihn über das eine Ende (A); ich nehme einen zweiten (H) und setze ihn über das andere Ende (B). Und so haben wir einen doppelten Apparat, in welchem an beiden Stellen Gas frei wird. Beide Gefäße wer= den sich mit Gas füllen. Seht, jetzt fangen sie schon an, das rechts (H) füllt sich sehr rasch, das links (O)

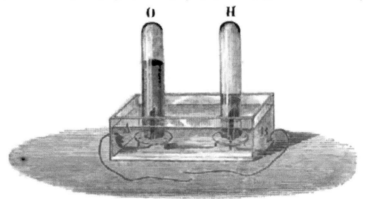

Fig. 20.

nicht so rasch; und obwohl ich einige Blasen habe ent= weichen lassen, geht der Prozeß doch ziemlich regel= mäßig vor sich, und wenn nicht das eine Gefäß größer ist als das andere, so werdet Ihr sehen, daß ich in dem einen (H) dem Raume nach doppelt so viel bekomme wie in dem andern (O). Beide Gase sind farblos; sie stehen über dem Wasser, ohne sich zu verdichten, sie scheinen sich durchaus gleich zu sein — ich meine, wie man's so mit den Augen sieht. Aber wir haben

ja nun die schönste Gelegenheit, diese Körper zu unter=
suchen und ihre wirkliche Natur zu bestimmen. Ihre
Masse ist groß genug, daß wir leicht Versuche mit
ihnen anstellen können. Ich nehme dieses Gefäß (H)
zuerst und fordere Euch auf, Euch bereit zu halten,
den Wasserstoff wiederzuerkennen.

Erinnert Euch aller seiner Eigenschaften — das
leichte Gas, welches sich gut in umgekehrten Gefäßen
hielt, mit einer blassen Flamme an der Mündung der
Flasche brannte — und nun seht zu, ob dieses Gas
nicht all diese Bedingungen erfüllt. Ist es Wasserstoff,
so bleibt er hier, so lange ich das Gefäß umdrehe.
[Der Vortragende hält ein Licht daran, und der Wasser=
stoff entzündet sich.] Was ist nun in dem anderen
Gefäße? Ihr wißt, daß beide zusammen eine explodi=
rende Mischung ausmachten. Aber was kann das sein,
was wir als anderen Bestandtheil im Wasser finden
und welches demnach die Substanz sein muß, die den
Wasserstoff zum Brennen brachte? Wir wissen, daß
das Wasser, welches wir in das Gefäß brachten, aus
zwei Dingen bestand. Wir finden, eines von diesen
ist Wasserstoff: was muß nun das andere sein, das
vor dem Versuche in dem Wasser war, und das wir
nun hier für sich besonders aufgefangen haben? Ich
stecke diesen brennenden Holzspan in das Gas. Seht,
das Gas selber brennt nicht, macht aber den Span
lebhafter brennen. Seht, wie es die Verbrennung be=
schleunigt! Das Holz brennt darin viel besser als an

der Luft. Nun seht Ihr daraus auch, daß der andere im Wasser enthaltene Stoff, wenn das Wasser beim Brennen einer Kerze gebildet wird, aus der Atmosphäre genommen sein muß. Wie wollen wir nun diesen Körper nennen, A, B oder C? Wir wollen ihn O — wollen ihn Oxygen, Sauerstoff nennen; es ist dies ein ganz bezeichnender Name für ihn. Sauerstoff ist also dies hier, was wir als zweiten Bestandtheil aus dem Wasser abgeschieden haben.

Wir gewinnen nun schon allmählich einen etwas tieferen Einblick in unsern Gegenstand, und wir werden bald begreifen, warum eine Kerze an der Luft brennt. Bei der Analyse des Wassers, d. h. bei der Zersetzung desselben in seine Bestandtheile, erhalten wir zwei Raum= theile Wasserstoff und ein Raumtheil Sauerstoff. Dieses Verhältniß ist in der folgenden Zeichnung dargestellt und zugleich das Gewicht eines jeden Körpers beigefügt, woraus wir denn ersehen, daß der Sauerstoff viel schwerer ist als der Wasserstoff.

1 Wasserstoff	8 Sauerstoff	Sauerstoff . . 88,9
	9	Wasserstoff . . 11,1
		Wasser . . . 100,0

Nachdem wir nun gesehen, wie wir den Sauerstoff aus dem Wasser abscheiden können, will ich Euch auch zeigen, wie er leicht in großer Menge darzustellen ist. Sauerstoff ist, wie Ihr Euch nun leicht vorstellen werdet, in der Atmosphäre vorhanden; denn wie könnte

sonst eine brennende Kerze Wasser liefern, welches ja
Sauerstoff enthält? Das wäre ja ganz unmöglich;
Wasser erzeugen ohne Sauerstoff — das ist eine
chemische Unmöglichkeit. Können wir Sauerstoff aus
der Luft darstellen? Nun, es giebt einige sehr weit-
läufige und schwierige Prozesse, durch die das möglich
ist; aber wir kennen viel bessere Wege. Da habe ich
eine Substanz, Namens Braunstein, ein ganz un=

Fig. 21.

ansehnliches, aber sehr brauchbares Mineral. Wird
dieser Braunstein rothglühend gemacht, so liefert er
Sauerstoff. Hier ist eine eiserne Flasche, in der sich
Braunstein befindet, und in ihren Hals ist ein Leitungs=
rohr eingefügt. Das Feuer ist bereit, und Herr
Anderson wird nun die Retorte hineinbringen; sie
wird die Hitze schon aushalten, denn sie ist ja von
Eisen. — Hier habe ich ein Salz, chlorsaures Kali
genannt, das jetzt in größeren Mengen in der Feuer=

werkerei, zu chemischen, medicinischen und manchen
anderen Zwecken gebraucht wird. Davon mische ich
etwas mit dem Braunstein (Kupferoxyd oder Eisenoxyd
würden dieselben Dienste thun), und wenn ich diese
Mischung in die Retorte bringe, so ist bedeutend weni=
ger als Rothglühhitze nöthig, um den Sauerstoff daraus
zu entwickeln. Ich beabsichtige nicht sehr viel zu machen,
sondern ich will nur genug zu unserem Experimente
haben; doch darf ich nicht zu wenig hineinthun, weil das
zu Anfang entwickelte Gas in der Retorte mit Luft ver=
mischt ist, und ich deshalb gezwungen bin, diesen ersten
Theil zu opfern; ich muß also das erste Gas entweichen
lassen. Ihr werdet finden, daß hier eine gewöhnliche
Spiritusflamme hinreichend ist, den Sauerstoff zu ent=
wickeln, und so haben wir nun zwei Prozesse zu seiner
Darstellung im Gange. Seht nur, wie reichlich das
Gas aus jener kleinen Menge der Mischung entweicht.
Wir wollen es nun prüfen und seine Eigenthümlich=
keiten untersuchen. Wie Ihr seht, erhalten wir auf
diesem Wege ein Gas, ganz gleich demjenigen, welches
uns der Versuch mit der Batterie lieferte, durchsichtig,
unlöslich in Wasser, mit den gewöhnlichen sichtbaren
Eigenschaften der Luft. (Da dieses erste Gefäß Luft
enthält, die zusammen mit den ersten Portionen Sauer=
stoff entwichen war, so schaffen wir es fort und sind
somit vorbereitet, unsere Versuche in völlig regelmäßiger
und zuverlässiger Weise auszuführen.) An dem Sauer=
stoff, den wir soeben mittelst der Volta'schen Batterie

aus dem Wasser abschieden, sahen wir ganz auffällig
die Fähigkeit, das Brennen eines Holzspans, einer Kerze
und dergl. zu begünstigen, und wir dürfen erwarten,
dieselbe Eigenthümlichkeit hier wiederzufinden. Ver=
suchen wir es! Seht her: so brennt jetzt der Wachs=
stock in der gewöhnlichen Luft, und hier, wenn ich den
Wachsstock in das Gefäß halte, seine Verbrennung in
diesem Gas! Seht, wie hell und schön er brennt!
Aber Ihr könnt noch mehr als dieses sehen, —
Ihr bemerkt, daß es ein schweres Gas ist, wäh=
rend der Wasserstoff wie ein Ballon in die Höhe
geht, oder vielmehr rascher als ein Ballon, wenn
er nicht das Gewicht der Umhüllung zu tragen
hat. Ihr begreift wohl, wenn wir aus dem
Wasser auch zweimal so viel Wasserstoff als
Sauerstoff dem Umfang nach erhalten haben, so
folgt daraus nicht, daß der erstere auch zwei=
Fig. 22. mal so schwer ist; das eine ist eben ein schweres,
das andere ein sehr leichtes Gas. Wir haben Mittel,
Luft= oder Gasarten zu wägen; aber ohne mich jetzt
mit Auseinandersetzung derselben aufzuhalten, will ich
Euch gleich sagen, wie groß ihr Gewicht ist. Der
Unterschied ist sehr bedeutend: 1 Kubikfuß Wasserstoff
wiegt $\frac{1}{12}$ Unze, 1 Kubikfuß Sauerstoff aber wiegt
$1\frac{1}{3}$ Unze*). Der Sauerstoff ist also 16 mal so schwer
als ein gleicher Raumtheil Wasserstoff.

---

*) Unze ist ein englisches Gewicht, von dem 16 auf ein
Pfund (engl.) gehen.

Um die besondere Eigenthümlichkeit des Sauerstoffs, die Verbrennung zu unterhalten, noch besser im Vergleich mit der Luft zu zeigen, mag uns dieses Stückchen Kerze dienen, obwohl das Ergebniß etwas roh ausfallen wird. Hier brennt unsere Kerze an der Luft; wie wird sie im Sauerstoff brennen? Ich habe hier ein Gefäß mit Sauerstoff und werde es jetzt über die Kerze halten, damit Ihr die Wirkung dieses Gases mit der der Luft vergleichen könnt. Paßt auf; es sieht beinahe so aus, wie das Licht an den Polen der Batterie, das Ihr vorhin saht. Wie gewaltig muß doch diese Wirkung sein! Und dennoch wird während des ganzen Prozesses weiter nichts erzeugt, als was sich beim Brennen in der Luft entwickelt. Wir haben dieselbe Bildung von Wasser — ganz genau denselben Vorgang — mögen wir die Kerze in der Luft oder in diesem Gase verbrennen.

Ich will Euch noch einige Experimente zeigen, an denen sich die wirklich wunderbare Kraft des Sauerstoffs, die Verbrennung zu unterhalten, noch deutlicher zeigt. Hier habe ich z. B. eine Lampe, die ich trotz ihrer Einfachheit das Muster zu vielen Arten von Lampen nennen möchte, die zu den verschiedensten Zwecken gebaut worden sind — für Leuchtthürme, mikroskopische Beleuchtung u. s. w.; wenn wir nun beabsichtigten, sie sehr hell brennen zu lassen, so könntet Ihr wohl fragen: „Wenn eine Kerze besser im Sauerstoff brennt, warum nicht auch eine Lampe?" Nun, sie thut's in der That. Herr Anderson wird mir eine Röhre geben, die von

unserem Sauerstoff-Reservoir kommt, und ich werde sie in
diese Flamme bringen, die ich absichtlich schlecht brennen
lasse. Da kommt der Sauerstoff — ha, welch prächtige
Wirkung! Wenn ich ihn aber wieder absperre, was
wird aus der Lampe? [Der Sauerstoffstrom wird unterbrochen, und die Lampe fällt in ihre vorige Dunkelheit
zurück.] Es ist wirklich wundervoll, wie wir durch den
Sauerstoff die Verbrennung beschleunigen können. Und

Fig. 23.

nicht etwa blos bei der Wasserstoffflamme, bei der brennenden
Kerze oder Kohle, sondern bei
allen gewöhnlichen Verbrennun-
gen zeigt sich das. Ihr habt
z. B. schon etwas Eisen in der
atmosphärischen Luft brennen
sehen; nehmen wir diese Verbrennung auch einmal mit Sauerstoff vor. Hier ist eine Flasche
voll Sauerstoff, und da habe

ich einen Eisendraht — es könnte aber auch ein Stab
so dick wie ein Handgelenk sein, er würde ebenso brennen.
Ich befestige erst ein Stückchen Holz an den Draht,
zünde das Holz an, und lasse sie nun zusammen in
das Gefäß hinab. Das Holz hat jetzt Feuer gefangen
und brennt so, wie eben Holz in Sauerstoff brennen muß;
aber bald wird die Verbrennung auch das Eisen ergreifen.
Seht, da brennt das Eisen ganz prächtig und wird lange
Zeit so weiter brennen. Wenn wir fortwährend frischen

Sauerstoff hinzuführen wollten, könnten wir die Ver=
brennung des Eisens unterhalten, bis es gänzlich ver=
zehrt ist.

Doch lassen wir das jetzt bei Seite, um noch die
Verbrennung einiger anderer Substanzen zu beobachten;
denn wir müssen mit der uns zugemessenen Zeit haus=
halten. Wir wollen ein Stück Schwefel nehmen; Ihr
wißt, wie der Schwefel in der Luft brennt; nun bringen
wir ihn in Sauerstoff, und Ihr werdet wiederum sehen,
daß ein Körper, der an der Luft brennen kann, mit
ungleich größerer Lebhaftig=
keit im Sauerstoff brennt.
Und diese Erfahrung muß
Euch auf den Gedanken brin=
gen, daß die atmosphärische
Luft ihre Fähigkeit, die Ver=
brennung zu unterhalten, ein=
zig und allein diesem Gas

Fig 24.

verdankt. Der Schwefel brennt jetzt ganz ruhig in
dem Sauerstoff; aber Ihr könnt keinen Augenblick die
gesteigerte Lebhaftigkeit bei dieser Verbrennung ver=
kennen, im Vergleich zu dem Brennen des Schwefels in
gewöhnlicher Luft.

Auch die Verbrennung des Phosphors will ich Euch
hier noch zeigen; ich kann das hier besser thun, als Ihr
es selbst zu Hause im Stande seid. Wie Ihr wißt, ist
der Phosphor sehr leicht entzündlich, und ein Körper,
der schon in der Luft so leicht brennt, wie lebhaft wird

der vollends in reinem Sauerstoff brennen! Ich darf Euch den Vorgang gar nicht in seiner vollen Heftigkeit zeigen, weil dabei unser ganzer Apparat in die Luft fliegen würde, und auch so schon werde ich das Zersprengen dieser Flasche vielleicht nicht vermeiden können. Ihr seht, wie sich der Phosphor an der Luft entzündet und brennt. Aber welch prachtvolles Licht strahlt er jetzt im Sauerstoff aus! Seht, wie da einzelne Stückchen abspringen, emporgeschleudert werden und jedes für sich heftig aufflammt, wodurch eben dieses glänzende Licht entsteht.

So viel für jetzt von der Fähigkeit des Sauerstoffs, die Verbrennung anderer Körper auf's lebhafteste zu unterhalten. Unsere nächste Aufgabe wird jetzt sein, sein Verhältniß zum Wasserstoff näher ins Auge zu fassen.

Ihr erinnert Euch, wie wir das Wasser in Sauerstoff und Wasserstoff zerlegten, dann die Mischung dieser beiden entzündeten und dabei eine kleine Explosion erhielten. Ihr erinnert Euch ferner, daß wir Sauerstoff und Wasserstoff in einem Gefäß mit einander verbrannten, wobei sich wenig Licht, aber sehr große Hitze entwickelte. Hier nun habe ich die beiden Gase genau in dem Verhältniß gemischt, in welchem sie im Wasser vorhanden sind, und diese Mischung will ich entzünden. Das Gefäß hier enthält genau ein Raumtheil Sauerstoff und zwei Raumtheile Wasserstoff; die Mischung ist also genau wie in dem Gas, das wir vorhin durch Zer-

setzung des Wassers mittelst der electrischen Batterie
erhielten. Weil ich aber nicht gleich die ganze Menge
entzünden will — das wäre viel zu viel auf einmal —,
so habe ich mir hier Seifenwasser zurechtgestellt, in das
ich die Gasmischung einleite, um Seifenblasen zu
bekommen, die damit gefüllt sind, und diese Seifenblasen
will ich dann anzünden; auf diese Art können wir sehr
einfach die Verbrennung des Wasserstoffs mit Sauer=
stoff beobachten. Versuchen wir also zunächst, Seifen=
blasen zu bekommen. Ich leite die Gasmischung durch
diese Thonpfeife in das Seifenwasser, und seht, da kommt
das Gas, da habe ich schon eine Blase. Ich will sie
auf der Hand auffangen. Ihr denkt vielleicht, das ist
recht unvorsichtig von mir; aber ich will Euch nur
zeigen, daß man sich aus bloßem Lärm und Geknalle
nichts zu machen braucht. [Der Vortragende läßt durch
Annäherung eines brennenden Hölzchens die Blase auf
der Hand explodiren.] Ich muß mich aber sehr hüten,
eine Blase gleich beim Austritt aus der Thonpfeife
anzuzünden, weil dann die Explosion durch die Röhre
rückwärts in das Gefäß schlagen und dieses in Trümmer
zerschmettern würde. Der Sauerstoff vereinigt sich also,
wie Ihr hier gesehen und an dem Knall gehört habt,
mit größter Lebhaftigkeit mit dem Wasserstoff; und da=
bei werden seine eigenthümlichen Kräfte ebenso wie die
des Wasserstoffs völlig aufgehoben. Man sagt: die
Eigenschaften des Sauerstoffs und die des Wasserstoffs
neutralisiren sich gegenseitig.

Faraday, Kerze. 9

Nunmehr darf ich wohl annehmen, daß Ihr die innere Beziehung zwischen der chemischen Natur des Wassers, des Sauerstoffs und der atmosphärischen Luft genauer zu durchschauen vermögt. Ein Stück Kalium, das ich auf Wasser lege — wie ich es jetzt noch einmal thue — warum zersetzt es das Wasser? Weil es Sauerstoff in dem Wasser findet. Und was wird dabei frei? Wasserstoff wird frei, und dieser Wasserstoff brennt, während das Kalium selbst sich mit dem Sauerstoff verbindet; dieses Stück Kalium nimmt also, indem es das Wasser zersetzt — sehen wir es für Wasser an, das bei Verbrennung einer Kerze gebildet wurde — es entnimmt, sage ich, den Sauerstoff ebenso aus dem Wasser, wie ihn die Kerze aus der Luft entnahm, und läßt dabei den Wasserstoff frei werden. Und diese schöne verwandtschaftliche Zuneigung des Sauerstoffs und des Kaliums zu einander zeigt sich selbst dann, wenn ich ein Stückchen Kalium auf Eis lege — augenblicklich, seht Ihr, wird das Kalium vom Eis in Brand gesetzt.

Ich wollte Euch das Alles heute noch zeigen, um Eure Einsicht in diese Vorgänge zu erweitern und damit Ihr seht, wie sehr die Erscheinungen von den Umständen abhängen. In Berührung mit dem Kalium bringt das Eis eine Art von vulkanischer Wirkung hervor.

Da ich jetzt dergleichen ungewöhnliche Erscheinungen einmal berührt habe, so wird es bei unserer nächsten

Zusammenkunft meine Aufgabe sein, Euch zu zeigen, daß uns von keiner derselben Gefahr droht, daß wir von ihnen nichts zu befürchten haben, wenn wir nur, wie beim Gebrauch der Kerze im Zimmer oder des Leuchtgases auf den Straßen oder der Feuerung im Ofen, stets die Naturgesetze zu unserer Richtschnur nehmen, denen sie unterworfen sind.

Fünfte Vorlesung.

Die atmosphärische Luft, eine Mischung aus Sauerstoff und Stickstoff. Eigenschaften des Stickstoffs. Quantitative Zusammensetzung der Luft. Das Wägen der Gase. Luftdruck. Elasticität der Luft. — Kohlensäure als Verbrennungsproduct der Kerze. Erkennung der Kohlensäure. Ihr Vorkommen in der Natur. Darstellung und Eigenschaften der Kohlensäure.

Wir haben gesehen: beim Verbrennen einer Kerze gewinnen wir Wasser, und aus diesem Wasser können wir Wasserstoff und Sauerstoff darstellen. Der Wasserstoff, wißt Ihr, stammt von der Kerze her, und der Sauerstoff tritt aus der Luft hinzu. Da könnt Ihr nun mit Recht fragen: „Wie kommt's denn aber, daß die Kerze nicht gleich gut in Luft und in Sauerstoff brennt?" Ihr erinnert Euch recht gut, wie ich ein brennendes Stückchen Kerze in Sauerstoff brachte (vergl. Fig. 22, S. 124), daß da die Verbrennung eine ganz andere, nämlich viel lebhafter war, als in der atmosphärischen Luft. Nun, warum das? Diese Frage ist von der höchsten Wichtigkeit für uns, sie berührt ganz unmittelbar die Natur der atmosphärischen Luft, und ich werde mich bemühen, sie Euch verständlich zu beobachten.

Die lebhaftere Verbrennung der Körper im Sauer=
stoff kann uns als Erkennungsmittel dieses Gases die=
nen. Ihr habt gesehen, wie eine Kerze an der Luft
und wie sie in Sauerstoff brennt; Ihr habt dasselbe
beobachtet beim Phosphor und ebenso bei Eisenfeilspänen.
Es giebt indeß noch verschiedene andere Mittel für den=
selben Zweck, und um Eure Erfahrung und Eure Ein=
sicht zu bereichern, werde ich Euch noch etliche vor=
führen. Hier habe ich ein Gefäß voll Sauerstoff; daß
solcher darin ist, muß ich Euch freilich erst nachweisen:
ich bringe einen schwach glimmenden Span hinein,
und die Erfahrungen, die Ihr das vorige Mal gesammelt
habt, lassen Euch den Erfolg mit Bestimmtheit voraus=
sagen — seht her: durch diese lebhafte Verbrennung ist
die Anwesenheit des Sauerstoffs unzweifelhaft nach=
gewiesen. Und nun eine andere und zwar sehr merk=
würdige und nützliche Probe auf Sauerstoff. Da habe
ich zwei Gefäße; beide sind mit Gasen gefüllt und
zwischen ihnen befindet sich eine Platte, damit die Gase
sich nicht berühren können. Die Platte nehme ich jetzt
weg, und die beiden Gase kriechen nun förmlich in
einander. „Was geschieht denn da?" fragt Ihr; „Es
findet ja keine Verbrennung statt, wie wir's bei der
Kerze gesehen haben!" Und dennoch sollt Ihr in dieser
Verbindung des einen Gases mit dem andern einen
Beweis für die Gegenwart von Sauerstoff kennen lernen.
Seht das schön rothbraun gefärbte Gas, welches auf diese
Weise entstanden ist! Wir können das Experiment in

derselben Weise auch mit gewöhnlicher Luft machen
wenn wir sie mit diesem Prüfgas*) mischen. In
diesem Gefäß hier ist nur Luft — dieselbe Luft wie
die, in welcher die Kerze brannte — und diese Flasche
enthält unser Prüfgas; ich lasse sie über Wasser zu=
sammenkommen, und nun seht das Ergebniß: der Inhalt
der Versuchsflasche fließt in das Gefäß über, welches
nur Luft enthielt; wir beobachten genau denselben Vorgang, wie soeben beim Sauerstoff und schließen daraus
wiederum, daß der Sauerstoff auch in der Luft vor=
handen ist — ganz derselbe Sauerstoff, den wir schon
aus dem von der Kerze entwickelten Wasser darstellten.
Aber warum brennt denn nun die Kerze in der Luft
doch nicht so gut wie in Sauerstoff? Nun, wir werden
sogleich auf diesen Punkt kommen. Hier habe ich zwei
Gläser; beide sind bis zu derselben Höhe mit Luft=
arten gefüllt, die ganz gleiches Aussehen haben, und
in der That weiß ich augenblicklich nicht, welches von
beiden Gefäßen Sauerstoff und welches atmosphärische

---

*) Dieses „Prüfgas" ist das sogenannte Stickoxyd der
Chemiker, eine Verbindung von Stickstoff (von welchem in
dieser Vorlesung ausführlich die Rede ist) und Sauerstoff.
Es ist ausgezeichnet durch die Eigenschaft, sich in Berührung
mit freiem Sauerstoff sogleich mit diesem zu einer sauerstoff=
reicheren Verbindung zu vereinigen. Da Stickoxyd und Sauer=
stoff farblose und unsichtbare Gase sind, das Gas, welches
durch ihre Verbindung entsteht, aber dunkel rothbraun gefärbt
ist, so zeigt in der That das Stickoxyd die Gegenwart von
freiem Sauerstoff in einer sehr augenfälligen Weise an.

Luft enthält — nur daß sie mit diesen Gasen sorgsam gefüllt wurden, weiß ich bestimmt. Indeß, da habe ich ja unser Prüfgas von vorhin; das will ich auf beide Gefäße einwirken lassen, um zu sehen, ob sich an dem Braunwerden dieses Gases in den beiden anderen Gasen eine Verschiedenheit zeigt. Ich lasse das Gas also in eins der Gläser einfließen und sehe zu, was sich ereignet. Da seht, es wird sofort braun — also ist Sauerstoff darin! Nehmen wir nun das andere Gefäß vor. Ihr seht, das wird nicht so rasch und nicht so entschieden braun als das erste. Dabei zeigt sich aber noch folgender merkwürdige Umstand: Wenn ich diese beiden Gase mit Wasser gut durchschüttle, so nimmt das Wasser das braune Gas in sich auf, löst es, und wenn ich dann von neuem etwas Prüfgas hineinlasse, so daß abermals braunes Gas entsteht, und schüttle wieder, so wird es wiederum aufgelöst, und das kann ich so lange fortsetzen, als noch eine Spur Sauerstoff in dem Gefäß vorhanden ist.

Wenn ich das Prüfgas in die Luft bringe, so ist der Vorgang ein anderer. Zuerst entsteht auch hier das braune Gas; sobald ich dann Wasser hineinbringe, verschwindet das braune Gas, und ich kann so fort und fort von unserem Prüfgas mehr hinzufügen, bis ich zu einem Punkt komme, wo durch diesen eigenthüm= lichen Körper, der die Luft und den Sauerstoff braun färbt, keine Bräunung mehr hervorgerufen wird. Woher kommt das? Ihr seht es im Augenblick: weil außer

dem Sauerstoff noch etwas Anderes in der Luft ent=
halten ist, was zuletzt übrig bleibt. Ich will noch
ein wenig Luft in das Gefäß einlassen, und wenn dann
wieder eine Bräunung erfolgt, so könnt Ihr daraus
schließen, daß von dem braunfärbenden Gas noch etwas
darin war, daß also auch nicht der Mangel desselben
das Zurückbleiben jener Luftart bedingte.

Nunmehr werdet Ihr leichter im Stande sein, das zu
verstehen, was ich eigentlich zu sagen habe. Als ich
Phosphor in einem Gefäß verbrannte*), saht Ihr,
als sich der aus Phosphor und dem Sauerstoff der
Luft gebildete Rauch abgesetzt hatte, daß etwas aus
der Luft in ziemlicher Menge unverbraucht übrig ge=
blieben war — ganz so, wie hier das Prüfgas etwas
unberührt zurückläßt; und wirklich ist es ein und dasselbe
Gas, welchem dort der Phosphor wie hier das braun=
färbende Gas nichts anhaben konnte, und dieses Etwas
ist eben kein Sauerstoff, und doch ein Bestandtheil der
atmosphärischen Luft.

Da haben wir also ein Mittel gefunden, die Luft
in die beiden Stoffe zu zerlegen, aus denen sie zu=
sammengesetzt ist — in Sauerstoff, der die Kerze, den
Phosphor und alles Andere verbrennen macht, und in
den andern Körper, der keine Verbrennung bewirkt,
den Stickstoff, Nitrogen. Dieser andere Bestand=
theil ist in weit überwiegender Menge in der Luft ent=

*) Siehe Fig. 9, Seite 74.

halten. Bei seiner Prüfung werden wir ganz sonder=
bare Eigenschaften an ihm entdecken; es ist ein ganz
merkwürdiger Körper, obwohl er Euch vielleicht ganz
uninteressant vorkommt. In mancher Hinsicht mag er
dies freilich scheinen, z. B. darin, daß er keine glän=
zenden Verbrennungserscheinungen bewirkt. Wie den
Wasserstoff und den Sauerstoff, will ich auch ihn zu=
nächst mit meinem Wachslicht prüfen. Da seht, er
entzündet sich nicht, wie es der Wasserstoff that, und
er läßt den Wachsstock nicht fortbrennen, wie wir's
beim Sauerstoff sahen; ich mag's anstellen, wie ich
nur will, er thut weder dies noch jenes; er selbst fängt
nicht Feuer, und den brennenden Wachsstock verlöscht
er gar; jede Flamme löscht er aus, mag brennen, was
da will; es giebt nicht einen Körper, der unter ge=
wöhnlichen Umständen darin zu brennen vermag. Der
Stickstoff riecht nicht, er schmeckt nicht, er löst sich nicht
im Wasser, er ist weder sauer, noch alkalisch, er ist so
völlig indifferent gegen alle unsere Sinne, wie es nur
irgend etwas sein kann. Da möchtet Ihr vielleicht
sagen: „Mit dem ist nichts — der ist unsrer Auf=
merksamkeit gar nicht werth — was thut denn der in
der Luft?" Doch halt! Laßt uns nur etwas genauer
zusehen, ob wir an ihm nicht ganz wichtige und schöne
Beobachtungen machen können. Nehmen wir einmal an,
die Luft bestände aus lauter Sauerstoff, statt aus einer
Mischung von Stickstoff mit Sauerstoff — was würde
da aus uns werden? Ihr wißt, daß ein glühendes

Stück Eisen in einem Gefäß mit reinem Sauerstoff vollständig verbrennt; nun setzt den eisernen Rost auf dem Herd im Feuer — wo würde er bleiben, wenn die Luft nur aus Sauerstoff bestände! Der Rost würde fast ebenso schnell verbrennen als die Kohlen; denn auch das Eisen des Rostes hat große Neigung zum Verbrennen, d. h. es hat eine sehr bedeutende Verwandtschaft zum Sauerstoff. Das Feuer in einer Locomotive würde ein Feuer mitten in einem Holz=magazin sein, wenn die atmosphärische Luft aus lauter Sauerstoff bestände. Der Stickstoff aber bändigt das Feuer, macht es uns dienstbar, und außerdem nimmt er die andern Verbrennungsproducte mit sich fort, wie Ihr sie auch bei der Kerze habt aufsteigen sehen, zer=streut sie in der weiten Atmosphäre und leitet sie an Stellen hin, wo sie einem andern herrlichen Zwecke zum Wohle des Menschen dienen, nämlich zur Unter=haltung der Vegetation. Und so seht Ihr, daß dieser Stickstoff, den Ihr anfänglich für so uninteressant hieltet, uns ganz wunderbare Dienste leistet.

Der Stickstoff ist in seinem gewöhnlichen Zustand ein völlig indifferentes Element; auch die stärkste elec=trische Kraft veranlaßt ihn kaum, und jedenfalls nur in sehr geringem Grade, eine directe Verbindung mit dem andern Bestandtheil der Luft, mit dem Sauerstoff, oder mit irgend einem andern Körper einzugehen; er ist ganz und gar indifferent, und ich möchte ihn des=halb einen zuverlässigen Körper nennen.

Bevor wir indeß in unserer Betrachtung fort=
fahren, muß ich von der atmosphärischen Luft selbst
noch Einiges sagen. Ich will hier die Zusammen=
setzung von 100 Theilen Luft anschreiben:

	Raumtheile.	Gewichtstheile.
Sauerstoff	21	23
Stickstoff	79	77
	100	100

Das ist genau das Verhältniß des Sauerstoffs
und des Stickstoffs in der atmosphärischen Luft, wie
es uns die Analyse ergiebt; wir finden, daß 5 Raum=
theile atmosphärischer Luft ungefähr 4 Raumtheile
Stickstoff auf 1 Raumtheil Sauerstoff enthalten. Eine
so überwiegende Menge Stickstoff ist also erforderlich,
um den Sauerstoff so weit in seiner Wirkung zu
mäßigen, daß unsere Kerze ordentlich brennt; und ferner
die Luft in einen solchen Zustand zu versetzen, daß
unsere Lungen ruhig und gesund darin athmen können.
Denn beides, unser Athmen sowohl wie das Brennen
der Kerze oder der Feuerung im Ofen, hängt gleich=
mäßig von diesem richtigen Mischungsverhältniß des
Sauerstoffs und des Stickstoffs in der Luft ab.

Nun muß ich Euch aber auch das Gewicht dieser
Gase selbst angeben. Es wiegt:

1 Kubikmeter (1000 Liter) Stickstoff . . 1256 Gramm.
1 „ „ „ Sauerstoff . 1430 „
1 „ „ „ atmosph. Luft 1293 „

Ich habe schon mehrmals die Frage von Euch gehört und mich gefreut, daß Ihr sie thatet: „Wie wägt man Gase?" Ich will es Euch zeigen. Es ist ganz einfach und leicht. Hier habe ich eine Wage und hier eine kupferne Flasche; diese ist so dünn und

Fig. 25.

leicht als möglich gemacht, doch so, daß sie noch fest und stark ist, zugleich vollkommen luftdicht und auf der Drehbank sauber abgedreht. Sie ist mit einem Hahn versehen, den man leicht schließen und öffnen kann; jetzt steht er offen, läßt also die Luft frei in die Flasche eintreten. Hier nun habe ich meine feine, sehr empfindliche Wage, und ich denke, die Flasche in ihrem gegenwärtigen Zustande wird gerade von dem Gewicht gehalten werden, das auf der anderen Schale liegt. Ferner habe ich hier eine Pumpe, mittelst welcher wir Luft in die kupferne Flasche pressen können, und zwar wollen wir eine gewisse Anzahl von Raumtheilen Luft hineinpressen, denen der Stiefel der Pumpe als Maß dient. Wir wollen jetzt gleich zwanzig solcher Raumtheile in die

Flasche hineinpumpen. — So! — Nun schließen wir
den Hahn fest und bringen die Flasche auf die Wage.
Seht, wie sie sinkt! Sie ist jetzt bedeutend schwerer
geworden. Woburch? Nun, durch die Luft, die wir
mit der Pumpe hineingepreßt haben. Es ist nichts
als Luft barin, die Luft darin nimmt auch keinen

Fig. 20.

größeren Raum ein, aber wir haben schwerere Luft
in demselben Raum, weil wir eben die Luft zusammen=
gepreßt haben. Damit Ihr nun auch erfahrt, wieviel
dem Raum nach die eingepreßte Luft beträgt, habe ich
hier eine Flasche voll Wasser, deren Hals genau in
den der Kupferflasche paßt und ebenfalls mit einem

Hahn versehen ist. Ich schraube sie beide sorgfältig aufeinander und öffne die Hähne, so daß nun die durch 20 Pumpenzüge comprimirte Luft in die Glasflasche übertreten und sich ungehindert zu ihrem ursprünglichen Umfang wieder ausdehnen kann. Um nun sicher zu sein, daß wir bei unsrer Arbeit ganz richtig zu Werke gegangen sind, wollen wir die kupferne Flasche wieder auf die Wage legen; wird sie von dem Gewicht auf der andern Schale — es ist noch dasselbe wie vorhin — auch jetzt wieder genau im Gleichgewicht gehalten, so war unser Experiment richtig. Seht, die Wage steht ganz gleich. Auf diese Weise also können wir das Ge= wicht der Luftmenge ermitteln, die wir mittelst der Pumpe hineinpressen und daraus dann das Gewicht eines Kubik= meter Luft zu 1293 Gramm bestimmen. Doch kann solch ein Experiment im Kleinen Euch unmöglich die ganze Bedeutung dieses Gegenstandes vor Augen führen. Es ist wahrhaft wunderbar, wie viel auffälliger sie wird, wenn man solche Versuche mit größeren Luft= mengen ausführt. Dieses Volumen Luft hier — das ist ein Liter — wiegt nicht ganz $1\frac{1}{3}$ Gramm. Wie hoch schätzt Ihr den Inhalt des Kastens dort, den ich eigens zu diesem Zweck habe machen lassen? Die Luft darin wiegt gerade ein Pfund, ein volles Pfund. Auch das Gewicht der Luft in diesem Saale habe ich berechnet; sie wiegt — Ihr werdet's kaum denken — aber sie wiegt wirklich über eine Tonne (d. i. 1000 Kilogramm). Seht, so ungeheuer wachsen da gleich die Zahlen an, und von solcher Bedeutung ist die Gegenwart der atmosphärischen Luft und des Sauerstoffs und Stick= stoffs in ihr, woraus wir wiederum auf die Größe des Nutzens schließen können, den sie uns schafft, indem sie Stoffe hin und her, von einem Ort zum andern versetzt und schädliche Dünste dahin bringt, wo sie nütz= lich wirken statt zu schaden.

Nachdem wir nun diese kurze Betrachtung über das Gewicht der Luft angestellt haben, wollen wir auch gleich einige Folgerungen ziehen, ohne welche Ihr so manches Andere, zu dem wir noch gelangen werden, nicht recht verstehen würdet. Erinnert Ihr Euch viel= leicht eines ähnlichen Experimentes? Habt Ihr noch nichts dergleichen beobachtet? Ich will einmal eine ähn= liche Pumpe nehmen, wie ich sie kürzlich benutzte, um Luft in die kupferne Flasche hineinzupressen, und will einen Apparat damit verbinden, dessen Oeffnung ich mit der Hand bedecken kann. Wir können die Hand in freier Luft so leicht hin und her bewegen, daß wir kaum glauben, etwas dabei zu fühlen; es erfordert schon eine sehr rasche Bewegung, um einen Widerstand der Luft gewahr zu werden. Wenn ich aber meine Hand hierher lege, auf den sogenannten Recipienten der Luft= pumpe, und nun die Luft herauspumpe — seht da, was geschieht! Warum ist meine Hand auf einmal an den Apparat gefesselt, sodaß ich die ganze Luftpumpe mit herumziehen kann, da ich sie doch gar nicht anfasse und halte? Seht, ich kann die Hand kaum wieder davon

losmachen. Nun, was ist die Ursache? Es ist das Ge=
wicht, der Druck der Luft — das Gewicht der darüber
befindlichen Luft drückt meine Hand so fest auf den leeren
Raum darunter.

Ich will noch ein anderes Experiment machen,
welches Euch darüber noch besser Aufklärung geben wird.
Ueber diesen Cylinder ist eine Schweinsblase ausgespannt
und festgebunden; ich bringe den Cylinder auf die Luft=
pumpe und pumpe die Luft heraus — Ihr werdet gleich
den Erfolg sehen; jetzt ist die Blase flach ausgespannt:

Fig. 27.

setze ich aber die Pumpe ein wenig in Bewegung —
seht, wie sie einsinkt, wie sie nach unten eingedrückt wird;
seht, wie sie tiefer und immer tiefer niederwärts geht,
bis sie vermuthlich zuletzt durch die Gewalt der darauf
drückenden Luft zersprengt werden wird. [Die Blase
zerspringt zuletzt mit einem lauten Knall.] Das geschah
einzig und allein durch die darauf drückende Last der
darüber stehenden Luft, und dieser Hergang ist ganz
leicht zu verstehen. Die Luftschichten können wir uns
übereinander aufgestapelt denken; wie die fünf Würfel

hier auf einander stehen. Nun seht Ihr doch, daß die
vier oberen von diesen Würfeln von dem fünften, der
auf dem Boden aufliegt, getragen werden, und wenn
ich diesen wegnehme, so müssen die oberen herunter=
sinken. Gerade so ist's auch bei der atmosphärischen
Luft. Die oberen Luftschichten werden von den untersten
getragen, ruhen auf ihr, und wenn diese untere Luft=
schicht weggepumpt wird, so
müssen eben Wirkungen ein=
treten, wie Ihr sie an meiner
auf den Recipienten gefesselten
Hand und am Zersprengen der
Blase gesehen habt, und wie Ihr
sie jetzt noch besser beobachten
sollt. Ueber dieses Gesäß hier
habe ich eine Gummihaut gespannt
und werde nun die Luft heraus=
pumpen. An diesem Gummi,
der also eine Scheidewand zwi=
schen der untern Luftschicht und

Fig. 28.

der obern bildet, könnt Ihr den Druck sehr deutlich
beobachten. Jetzt kann ich schon die ganze Hand in das
Gesäß hineinlegen. Und dieses Resultat wird einzig
bewirkt durch den gewaltigen Druck der oberen Luft=
schichten. Wie schön zeigen sich da diese wunderbaren
Verhältnisse!

Hier habe ich einen kleinen Apparat, an dem Ihr
nachher, wenn ich meinen Vortrag geschlossen habe,

Eure Kraft im Ziehen erproben könnt. Er besteht aus
zwei hohlen Halbkugeln von Messing, deren Ränder
genau auf einander passen; die eine ist mit einer Röhre
versehen, an der sich ein Hahn befindet, so daß man
die Luft herauspumpen und dann abschließen kann.
Seht, die beiden Hälften lassen sich jetzt, wo Luft darin
ist, ganz leicht auseinandernehmen; wenn wir aber die
Luft herauspumpen, so werdet Ihr nachher sehen, daß
je Zwei von Euch mit allem Kraftaufwande nicht im
Stande sind, sie auseinanderzuziehen. Jeder Quadrat=
centimeter der Oberfläche der geschlossenen und aus=
gepumpten Kugel hält einen Druck von ungefähr einem
Kilogramm aus, und Ihr mögt nun Eure Stärke
versuchen und zusehen, ob Ihr dieses Luftdruckes Herr
werdet.

Hier hab' ich noch ein anderes hübsches Ding —
einen Sauger für Kinder, nur etwas verbessert von
der Wissenschaft. So junge Leute, wie wir, sind ganz
in ihrem Recht, nach Spielzeug zu greifen und es zum
Gegenstand ihrer Forschung zu machen, wie ja auch
manchmal die Wissenschaft zur Spielerei gemacht wird.
Hier ist also unser Sauger; er besteht aus Gummi.
Wenn ich ihn auf den Tisch aufklappe, seht, da steht
er auf einmal fest. Nun, warum thut er das? Ich
kann ihn auf dem Tische gleiten lassen; will ich ihn aber
emporheben, so scheint er den Tisch mit in die Höhe
ziehen zu wollen; ich kann ihn ganz leicht von einer
Stelle zur andern schieben, aber nur wenn ich ihn

an die Kante des Tisches bringe, läßt er sich weg=
ziehen. Auch dieser Sauger wird nur durch den Luft=
druck so fest gehalten. Hier hab' ich mehrere; da nehmt
ein Paar und drückt sie an einander! Ihr werdet sehen,
wie fest sie zusammenhalten. Sie können wirklich ganz
gut zu dem Zweck gebraucht werden, zu dem man sie
in Vorschlag gebracht hat, nämlich sie an Fenstern oder
glatten Wänden zu befestigen und allerlei kleine Sachen
daran aufzuhängen; sie werden einen ganzen Tag daran
festhalten. Ich weiß indeß, daß Kinder besonders solche
Experimente gern sehen, die sie zu Hause leicht nach=
machen können, und darum will ich Euch noch ein recht
hübsches zur Veranschaulichung des Luftdruckes zeigen.
Hier ist ein Glas voll Wasser; wenn ich Euch nun
frage, ob Ihr das Glas so umdrehen könnt, daß das
Wasser nicht herausläuft, aber ohne daß Ihr's mit der
Hand zuhaltet — es soll nur durch den Luftdruck darin
gehalten werden — würdet Ihr das machen können?
Nehmt ein Weinglas, ganz oder halb voll Wasser, legt
ein glattes Stück Papier oben auf, dreht es vorsichtig
um, wie ich's hier mache, und nun seht zu, was mit
dem Wasser und dem Papier wird. Die Luft kann
nicht hinein, weil das Wasser vermöge seiner kapillaren
Anziehung Papier und Glasrand ringsherum fest zu=
sammenhält. Und das Wasser fließt nicht heraus, da es
durch den äußeren Luftdruck zurückgehalten wird.

Ich hoffe, das Ihr durch alles dieses eine richtige
Vorstellung von dem Gewichte, also auch von der Körper=

lichkeit der Luft bekommen habt, und wenn ich Euch sage, daß der Kasten dort ein Pfund Luft enthält und dieses Zimmer mehr als eine Tonne, so wird es Euch wohl begreiflich sein, daß die Luft ein ganz gewichtiger Körper ist. Ich will noch ein anderes Experiment zeigen, um Euch ihre Widerstandsfähigkeit darzuthun. Die Knallbüchse kennt wohl Jeder, die man so leicht aus einem Federkiel oder irgend einer ähnlichen Röhre her-stellen kann; aus einem Kartoffel= oder Apfelscheibchen wird mit dem Kiel selbst ein Pfropfen ausgestochen und an das andere Ende hingeschoben, wie ich es hier mache, so daß der Ausgang dicht verschlossen wird: nun steche ich ein zweites Stückchen aus und schiebe es hinein; jetzt ist also die Luft im Innern der Röhre vollständig eingeschlossen, ganz wie wir's zu unserm Zweck gebrauchen. Nun aber zeigt es sich, daß keine Kraft im Stande ist, dieses zweite Pfröpfchen vollständig auf das erste auf= zutreiben; das ist eine völlige Unmöglichkeit. Bis zu einem gewissen Grad läßt sich die Luft wohl zusammen= pressen, doch lange vor der Berührung der beiden Pfropfen wird die eingezwängte Luft den vorderen Pfropfen mit einem Knall hinaustreiben; die Wirkung ist hier ähn= lich wie beim Schießpulver, dessen Kraft zum Theil von denselben Umständen abhängig ist, welche Ihr hier er= läutert seht.

Neulich sah ich einem Versuch zu, der mir sehr gefiel und den ich gleich für unsern vorliegenden Zweck zu benutzen gedachte. Freilich, um des Erfolges sicher zu sein, hätte ich ein paar Minuten schweigen sollen, ehe ich mich an die Ausführung mache; denn die Lungen müssen bei diesem Experiment das meiste thun. Es handelt sich darum, dieses Ei durch meinen Athem aus dem einen Eierbecher in den andern zu treiben; ich bin allerdings des Erfolges nicht ganz sicher, weil ich jetzt schon zu viel gesprochen habe, und wenn mir's nicht gelingt, so hat das also seinen guten Grund.

[Der Vortragende macht den Versuch, und es glückt ihm, das Ei aus dem einen Becher in den andern hin= über zu blasen.]

Ihr seht, die Luft bringt zwischen dem Ei und der Becherwand abwärts, sie übt auf das Ei von unten einen Druck aus, welcher das Ei zu heben im Stande ist, obwohl ein ganzes Ei doch im Verhältniß zur Luft sehr schwer ist. Wenn Ihr den Versuch nachmachen wollt, so thut Ihr gut, das Ei vorher hart zu kochen; dann wird er Euch bei einiger Sorgfalt sicherlich gelingen.

Doch genug für jetzt von dem Druck und dem Gewichte der Luft, um noch eine andere wichtige Eigen= schaft an Ihr kennen zu lernen. Ihr saht soeben bei der Knallbüchse, wie ich den zweiten Pfropfen $\frac{1}{2}$ bis $\frac{3}{4}$ Zoll weit hineintreiben konnte, ehe der vordere hinaus= flog, daß also die eingeschlossene Luft bis zu einem gewissen Punkte dem Druck nachgab: ebenso saht Ihr, wie sich die Luft in der kupfernen Flasche mittelst der Pumpe so bedeutend zusammenpressen ließ. Nun das hängt von einer wunderbaren Eigenschaft der Luft ab,

nämlich von ihrer Elasticität. Ich werde Euch diese
Eigenschaft der Luft möglichst gut zu veranschaulichen
suchen. Eine Blase aus Gummihaut, wie ich sie hier
habe, eignet sich vortrefflich dazu. Sie ist luftdicht, d. h.
sie läßt Luft weder ein= noch austreten; aber sie kann
sich ausdehnen und wieder zusammenziehen, so daß sie
der darin eingeschlossenen Luft in jeder Weise nachgiebt,
und daher gleichsam als Maßstab ihrer Elasticität dienen
kann. Ihr seht, die jetzt schlaffe Blase enthält nur
wenig Luft. Ich binde sie fest zu, bringe sie unter
die Glocke der Luftpumpe und pumpe aus dieser die
Luft heraus, hebe also den Druck der letzteren auf die
in der Blase befindliche Luft auf. Seht, wie sie jetzt
fort und fort sich ausdehnt, weiter und immer weiter,
bis sie nun den ganzen Innenraum der Glocke aus=
gefüllt hat. Und lasse ich nun die Luft wieder in die
Glasglocke eindringen, seht da, so geht auch die Luft
in der Blase wieder auf ihren ursprünglichen Umfang
zurück. Dies zeigt uns deutlich die wunderbare Eigen=
schaft der Luft, welche man Elasticität nennt. Ver=
möge derselben ist sie in so hohem Grade befähigt, sich
zusammendrücken zu lassen und sich auszudehnen, und
gerade hierdurch ist sie ganz besonders zu ihrer wich=
tigen Rolle im Haushalte der Natur geeignet.

Wir gelangen nunmehr zu einem anderen und
zwar sehr wichtigen Theil unseres Thema. Erinnern
wir uns, was wir bereits an unserer brennenden Kerze
erforscht haben. Wir sahen, daß sie beim Brennen ver=

schiedene Stoffe entstehen läßt, und fanden Kohle in
Gestalt von Ruß, Wasser und etwas anderes, was wir
noch nicht unterfucht haben. Das Wasser fingen wir
auf, die übrigen Verbrennungsproducte ließen wir bis=
her ungehindert in die Luft entweichen. Diese nun
müssen wir jetzt unserer Forschung unterwerfen.

Fig. 29.

Hier habe ich eine Vorrichtung, die uns bei
unserer Unterfuchung die nöthigen Dienfte leisten wird.
Unsere Kerze setzen wir mitten auf diesen Steg und
darüber diesen gläsernen Schornstein — so! Die Kerze
wird ganz hübsch weiter brennen; denn die Luft hat
ja unten und oben ungehinderten Durchgang. Zunächst
seht Ihr wieder die uns schon bekannte Erscheinung,
daß die Wandung des Glases feucht wird — es ist

das Wasser, zu welchem sich der in der Kerzenflamme entwickelte Wasserstoff mit dem Sauerstoff der Luft verbindet; außerdem aber steigt noch etwas Anderes oben heraus: das ist keine Feuchtigkeit, kein Wasser, es ist nicht verdichtbar; und es hat zudem sehr merk= würdige Eigenschaften. Ich will eine Flamme an die Oeffnung des Schornsteins halten, und Ihr könnt sehen, daß sie von der austretenden Luft fast verlöscht wird, und wenn ich sie vollständig dem Strom aussetze, seht — da geht sie ganz und gar aus. Ihr werdet sagen: das ist so, wie es sein muß; und ich vermuthe, Ihr denkt Euch, es müsse so sein, weil von der Luft, welche zur Verbrennung gedient hat, nur Stickstoff übrig bleibt und Stickstoff die Verbrennung nicht unterhält, also den Span auslöschen muß. Gut; aber sollte nicht noch etwas Anderes als Stickstoff vorhanden sein? Hier muß ich freilich etwas vorgreifen — das heißt, ich muß Euch aus meinen weiteren Kenntnissen die Mittel darbieten, mit deren Hilfe Aufgaben wie die vorliegende gelöst, und dergleichen Gase, wie wir hier haben, untersucht werden können. Also — ich nehme eine leere Flasche, wie diese hier, halte sie verkehrt über unsern Schornstein und fange die Verbrennungs= producte der Kerze darin auf; und wir werden uns bald überzeugen, daß die aufgefangene Luftart nicht nur der Verbrennung sehr ungünstig ist — seht, wie mein Wachsstock darin sogleich verlöscht — sondern daß sie noch ganz andere Eigenschaften besitzt.

Ich nehme hier ein wenig ungelöschten Kalk und gieße etwas gewöhnliches Wasser darauf, rühre ein paarmal um, bringe nun die Mischung auf dieses Papierfilter in dem Trichter, und nicht lange dauert's, so läuft davon ein ganz klares Wasser in das unter= stehende Fläschchen ab, wie Ihr's da seht. Ich habe zwar dort eine ganze Flasche von diesem Wasser — Kalkwasser — vorräthig stehen, das ich ebenso gut be= nutzen könnte; aber Ihr wißt ja, ich habe eine Vor= liebe dafür, meine Untersuchungen mit Dingen anzu= stellen, die vor Euren Augen entstanden sind. Von diesem schön klaren Kalkwasser nun gieße ich ein wenig in die Flasche, in der wir die Luft von unserer Kerze aufgefangen haben, und nun seht, welche Veränderung darin vorgeht! Seht Ihr, wie das Kalkwasser ganz milchig geworden ist? Paßt auf, ich werde Euch zeigen, daß das mit bloßer Luft nicht geschieht. Hier ist eine Flasche, in der sich, wie Ihr seht, weiter nichts als atmosphärische Luft befindet; ich gieße etwas Kalkwasser hinein und schüttle tüchtig um — es bleibt ganz klar; weder der Sauerstoff, noch der Stickstoff der Luft, noch was sonst in dieser Menge Luft enthalten sein mag, bringt jene Veränderung in dem Kalkwasser hervor. Dieselbe Flasche mit demselben Kalkwasser halte ich nun aber so an den Schornstein, daß die Verbrennungsgase der Kerze hineinstreichen und mit dem Kalkwasser in Berührung kommen können — seht, es dauert gar nicht lange, so ist's milchig geworden. Diese weiße Sub=

stanz nun kann sich aus nichts Anderem gebildet haben,
als aus dem zum Kalkwasser verwendeten Kalk und
etwas anderem, was von der Kerze kommt — jenem
zweiten Verbrennungsproduct, dessen Natur wir eben
zu erforschen bemüht sind und von welchem ich heute
zu Euch sprechen will. Bis jetzt also wissen wir von
seinem Vorhandensein nur durch seine Wirkung auf
das Kalkwasser, die für uns ganz neu war und die,
wie wir gesehen haben, weder dem Sauerstoff, noch
dem Stickstoff, noch auch dem Wasser zuzuschreiben ist.
Dieses weiße Pulver, welches aus Kalkwasser und den
Verbrennungsgasen der Kerze entsteht, hat anscheinend
ganz die Eigenschaften der Kreide; und wenn man
es näher untersucht, so findet man, daß es wirklich
genau derselbe Stoff ist wie die Kreide. So sind wir
denn in unserm Bestreben, den Vorgang bei einer so
alltäglichen Erscheinung wie das Brennen einer Kerze
kennen zu lernen, ganz unversehens Zeuge davon ge=
worden, wie Kreide entsteht und haben durch sorgfältige
Beobachtung aller Umstände bei unserem Experiment
die Bedingungen ihrer Entstehung kennen gelernt. Wenn
man Kreide (am besten ein wenig feucht) stark erhitzt, so
verwandelt sie sich in gebrannten Kalk; es muß also der
andere Bestandtheil, den sie außer dem Kalk enthält, dabei
entweichen, und in der That ist dieses der Fall. Beim
Brennen von Kreide oder Kalk entweicht dasselbe Gas,
welches bei der Verbrennung einer Kerze entsteht und durch
seine Verbindung mit dem Kalk wiederum Kreide giebt.

Um dieses Gas, welches wir Kohlensäure nennen, in größerer Menge darzustellen, und seine Eigenschaften näher kennen zu lernen, bedienen wir uns freilich eines bequemeren Verfahrens. Die Kohlen= säure findet sich in großer Menge in der Natur und zwar in vielen Fällen, wo Ihr sie am wenigsten suchen würdet. Aller Kalkstein besteht zum großen Theil aus demselben Gas, wie wir es hier aus der Kerze haben sich entwickeln sehen; alle Kalk= und Kreidegebirge, alle Muschelschalen, Korallen und dergl. enthalten große Mengen Kohlensäure. Wir finden diese merkwürdige Luftart in so festen Gesteinsarten wie Marmor und Kalk mit fest geworden, sie hat ihre luftige Natur darin aufgegeben und völlig die Eigenschaften eines festen Körpers angenommen — deshalb hat sie Black auch „fixe Luft" genannt.

Aus dem Marmor können wir die Kohlensäure ganz leicht darstellen. In dem Gefäß hier habe ich etwas Salzsäure, und darüber steht, wie Euch mein Wachslicht anzeigt, nichts als atmosphärische Luft; seht, ich gehe mit dem Licht bis auf den Grund hinab — das Gefäß enthält über der Salzsäure nichts als Luft. Hier habe ich Marmor, und zwar von der schönsten und feinsten Sorte, wovon ich nun etliche Stückchen in das Gefäß bringe — sofort entsteht anscheinend ein gewaltiges Aufkochen. Aber was da aufsteigt, ist nicht etwa Wasserdampf, sondern ein Gas, das auf mein hineingehaltenes Wachslicht, wie Ihr seht, genau die=

selbe Einwirkung ausübt, wie vorher die aus dem Schorn=
stein über unsrer Kerze entweichende Luft — die Flamme
verlöscht, und wir haben hier wie dort genau dieselbe
Erscheinung, bewirkt durch ein und dasselbe Gas, durch
die Kohlensäure. Auf diese Weise können wir Kohlen=
säure in großer Masse darstellen; seht — jetzt schon
ist das Gefäß bis obenan damit gefüllt. (Dies wird
dadurch bewiesen, daß der brennende Span verlöscht,
sobald er nur eben in das Gefäß eingetaucht wird.)

Das Gas ist aber keineswegs nur im Marmor
enthalten. In dieses Gefäß da habe ich etwas gewöhn=
liche Schlemmkreide gethan — also Kreide, die durch
Auswaschen mit Wasser von groben Theilchen befreit
ist, wodurch sie zu Stuccatur= und dergleichen Arbeiten
brauchbarer wird. In dem großen Gefäß befindet sich
Schlemmkreide mit Wasser, und in diesem hier habe
ich concentrirte Schwefelsäure, die zu dem Experiment,
das wir jetzt vorhaben, geeignet ist; nur mit Schwefel=
säure nämlich bildet der Kalk beim Freiwerden der Kohlen=
säure wieder einen unlöslichen Körper, während die
Salzsäure, wie Ihr vorhin gesehen, eine lösliche Sub=
stanz liefert, die das Wasser gar nicht trübt. Ihr
werdet gleich sehen, warum ich meine Vorrichtung zu
dem beabsichtigten Experiment in dieser Weise treffe
— nämlich, damit Ihr im Kleinen leicht nachmachen
könnt, was ich Euch hier in großem Maßstab zeigen
werde. Wir haben hier wieder ganz denselben Prozeß,
wie bei der Einwirkung von Salzsäure auf Marmor;

ich entwickle in dem großen Gefäß hier die Kohlen=
säure, und sie zeigt sich gegen alle Prüfungsmittel als
ganz dasselbe Gas, welches wir bei Verbrennung der
Kerze in freier Luft erhielten. So verschieden auch diese
beiden Methoden der Darstellung erscheinen mögen —
das Ergebniß ist ganz dasselbe, hier wie dort wird ein
und dieselbe Kohlensäure gewonnen.

Gehen wir indeß zu weiteren Versuchen mit
unserem Gas über, um seine Natur näher kennen zu
lernen. (Einige Cylinder sind inzwischen über Wasser
mit dem Gase gefüllt worden.) Hier habe ich ein Ge=
fäß voll Kohlensäure, und wie wir's bei den früher
untersuchten Gasarten gethan, so will ich auch bei ihr
zunächst fragen, wie sie sich in Bezug auf die Ver=
brennung verhält. Brennbar, seht Ihr, ist sie nicht,
und ebensowenig unterhält sie die Verbrennung. (Ein
brennender Wachsstock, der in das Gas getaucht wird,
verlöscht, und das Gas bleibt unentzündet.) Sehr
löslich im Wasser kann sie auch nicht sein; denn wir
haben sie ja dort ganz leicht über Wasser aufgefangen.
Ferner haben wir schon gesehen, wie sie auf Kalk=
wasser einwirkt, wie sie damit Kreide bildet; sie wird
ein Bestandtheil dieser Kreide, welche man eben wegen
ihrer Zusammensetzung aus Kohlensäure und Kalk —
ebenso wie Marmor, Kalkstein, Korallen ꝛc. — auch
als kohlensauren Kalk bezeichnet.

Zunächst aber muß ich Euch nun zeigen, daß sie
sich doch in geringer Menge in Wasser löst, in dieser

Beziehung also sich von Sauerstoff und von Wasser=
stoff unterscheidet. Hier habe ich einen Apparat, mit
dessen Hilfe wir die Lösung bewerkstelligen können.
Im unteren Theil des Apparats befindet sich der Mar=
mor und die Säure, im oberen kaltes Wasser, und
wie Ihr seht, sind beide so mit einander verbunden,
daß das entwickelte Gas aus dem einen in den andern
gelangen kann; setze ich ihn nun in Thätigkeit, so seht
Ihr sofort das Gas in Blasen durch das Wasser hin=
durchstreichen; das geschah schon vorher eine Zeit lang,
und wir werden jetzt finden, daß sich etwas davon
im Wasser aufgelöst hat. Ich nehme etwas Wasser
heraus und koste es — es schmeckt säuerlich, es ist
mit Kohlensäure gesättigt; aber Ihr wißt, wie wir die
Gegenwart von Kohlensäure chemisch nachweisen, Ihr
wißt, daß Kalkwasser ein sicheres Erkennungsmittel für
Kohlensäure ist — ich will also etwas hinzusetzen, und
seht, sofort wird es trüb und weiß.

Ferner habe ich von der Kohlensäure zu berichten,
daß sie ein schweres Gas ist, schwerer als die atmo=
sphärische Luft. Zur Vergleichung schreibe ich die Ge=
wichte aller bisher von uns untersuchten Gase hier auf:

1 Kubikmeter		wiegt
Wasserstoff	89	Gramm
Sauerstoff	1430	„
Stickstoff	1256	„
Atmosphärische Luft . . .	1293	„
Kohlensäure	1977	„

Also ein Kubikmeter Kohlensäure wiegt fast zwei Kilogramm. Diese Schwere des Gases kann durch viele Experimente ersichtlich gemacht werden. Hier nehme ich z. B. ein Glas, das nichts als Luft enthält, und versuche aus dem da, das voll Kohlensäure ist, etwas hineinzugießen; ich bin nun begierig, ob etwas hineingeflossen ist oder nicht. Durch den Augenschein ist das nicht zu erkennen, wohl aber am Brennen meines Wachsstockes darin. Seht, da habt Ihr's: die Flamme verlöscht, sobald ich das Gas in das tiefere Gefäß hineingieße. Noch deutlicher würde ich die Kohlensäure hier wiederum durch ihre Wirkung auf Kalkwasser nachweisen, die Ihr nun schon so oft gesehen habt. Jetzt werde ich einmal den kleinen Eimer da in unsern Kohlensäure-Brunnen hinablassen — leider haben

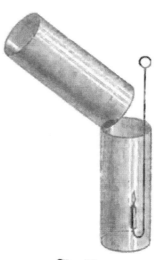

Fig. 39.

wir nur zu oft wirkliche Kohlensäurebrunnen — und wenn Kohlensäure da unten ist, muß er sich damit füllen, als ob es Wasser wäre; wir ziehen ihn wieder herauf, prüfen seinen Inhalt mit unserm Wachsstock, und da sehen wir's — er ist voll Kohlensäure.

Noch augenfälliger zeigt sich die Schwere der Kohlensäure an folgendem Experiment auf meiner Wage. Auf die eine Wageschale habe ich ein Glas gestellt und durch

Gewichte auf der andern Seite die Wage wieder ins
Gleichgewicht gebracht. Ich gieße nun dieses mit Kohlen=
säure gefüllte Glas in das Gefäß auf der Wage aus,
das erst nur atmosphärische Luft enthielt, und Ihr
seht, wie es sofort niedersinkt. Auch jetzt will ich die
Untersuchung mit meinem brennenden Wachsstock nicht
unterlassen — wir sehen, wie ihm das Fortbrennen in
dem Gefäß auf der Wage unmöglich wird, wissen also,
daß sich wirklich Kohlensäure darin befindet.

Fig. 31.

Blase ich eine Seifenblase, natürlich mit gewöhn=
licher Luft, und lasse sie in dieses Gefäß mit Kohlen=
säure fallen, so wird sie schwimmen. Aber ich will
zuerst einen dieser kleinen, mit Luft gefüllten Ballons
nehmen. Ich bringe ihn in dieses, zum Theil mit
Kohlensäure gefüllte Gefäß. Er schwimmt auf der
Kohlensäure, und wir können daran die Höhe erkennen,
bis zu welcher sie das Gefäß erfüllt. Gieße ich noch
mehr Kohlensäure hinein, so wird der Ballon gehoben.

Jetzt ist das Gefäß nahezu voll davon: und nun will ich sehen, ob ich eine Seifenblase darauf blasen und sie in derselben Weise schwimmen lassen kann. [Der Vortragende bläst eine Seifenblase, läßt sie in das Gefäß mit Kohlensäure fallen, und sie schwimmt richtig mitten darin.] Sie schwimmt wie vorher der Ballon, weil die Kohlensäure schwerer ist als die Luft.

Wir haben nun die Kohlensäure kennen gelernt, sowohl hinsichtlich ihrer Bildung aus der Kerze oder dem Marmor, als in ihren wichtigsten physikalischen Eigenschaften, besonders in ihrer Schwere; und bei unsrer nächsten Zusammenkunft denke ich Euch zu zeigen, wie sie zusammengesetzt ist, d. h. aus welchen Elementen sie besteht.

Sechste Vorlesung.

Chemische Zusammensetzung der Kohlensäure. Ihre Bildung durch Verbrennung von Kohlenstoff. Mengenverhältniß der Bestandtheile. Zerlegung der Kohlensäure in ihre Elemente. Bildung von Kohlensäure durch Verbrennung des Holzes und des Leuchtgases. Feste und gasförmige Verbrennungsproducte der Körper. — Der Athmungsprozeß. Kohlenstoffgehalt der Nahrungsmittel. Die Körperwärme. Wechselwirkung zwischen der Thier= und Pflanzenwelt. — Einfluß der Temperatur auf den Eintritt chemischer Prozesse.

Eine Dame, welche diese Vorträge mit ihrer Gegen=
wart beehrt, hat mich noch weiter durch Uebersendung
dieser beiden Kerzen zu Dank verpflichtet. Sie stammen
aus Japan und sind vermuthlich aus jenem Material
verfertigt, das ich Euch schon in der ersten Vorlesung
zeigte, dem sogenannten Japanischen Wachs. Ihr seht,
sie sind noch viel zierlicher gestaltet und ausgeschmückt
als jene französischen Kerzen, die ich ebenfalls damals
vorwies, und ihrem ganzen äußeren Aussehen nach
möchte man sie wahre Luxuskerzen nennen. Außerdem
aber zeigen sie eine merkwürdige Eigenthümlichkeit, näm=
lich einen hohlen Docht — jene vorzügliche Verbesserung

also, welche Argand an der Lampe einführte und durch welche er ihren Werth so bedeutend erhöhte. Wer schon öfter Sendungen aus dem fernen Osten erhielt, wird wohl bemerkt haben, daß solche Gegenstände auf dem langen Transport ein mattes, unscheinbares Aussehen bekommen haben; es ist aber ganz leicht, ihnen die ursprüngliche Schönheit und das frische Aeußere wiederzugeben; man braucht sie zu diesem Zweck nur mit einem reinen seidenen Tuch gut abzureiben, also die Unebenheiten und Rauhigkeiten ihrer Oberfläche gleichsam zu poliren. Eine dieser beiden Kerzen habe ich so behandelt und Ihr werdet den Unterschied von der andern, nicht polirten bemerken, die ich natürlich ebenso auffrischen könnte. Außerdem ist an diesen japanischen Kerzen noch die Eigenthümlichkeit hervorzuheben, daß sie viel mehr kegelförmig gegossen sind, als es bei uns üblich ist.

In meinem letzten Vortrag habe ich Euch bereits viel von der Kohlensäure erzählt. Ich habe Euch besonders ihre Reaction auf Kalkwasser vorgeführt, dessen Bereitung ich Euch zeigte, so daß Ihr es selbst machen könnt; und Ihr erinnert Euch, wie die in einer Flasche aufgefangene Luft aus unserer Kerze in dem Kalkwasser einen weißen Niederschlag hervorbrachte, daß ferner dieser Niederschlag aus demselben Kalk bestand, der sich in den Muscheln, Korallen, wie in vielen Gebirgsarten und Mineralien findet. Von ihrer eigentlichen chemischen Natur indeß habe ich noch nicht ausführlich und eingehend genug gesprochen, und ich muß deshalb dieses Thema heute wieder aufnehmen.

Wie wir bei Untersuchung der Verbrennungsproducte unserer Kerze bereits das aufgefundene Wasser in seine Elemente zerlegten, so müssen wir jetzt auch die aus der Kerze entwickelte Kohlensäure auf ihre Bestandtheile prüfen, und einige Experimente werden uns auch hier zum Ziele führen.

Ihr erinnert Euch, daß eine schlecht brennende Kerze Ruß entwickelt, während bei einer gut brennenden davon nichts zu sehen ist; Ihr wißt aber auch, daß die Helligkeit der Kerzenflamme gerade diesem Ruße zu verdanken ist, welcher zunächst ins Glühen kommt und schließlich verbrennt. Hier habe ich ein Experiment vorbereitet, an dem es sich recht deutlich zeigt, wie hell= leuchtend die Flamme wird, wenn alle Kohlentheilchen innerhalb derselben zum Erglühen und Verbrennen ge= langen, so daß dabei durchaus nichts von schwarzen Flöck= chen zu sehen ist. Ich entzünde einen ungemein lebhaft brennenden Stoff, Terpentinöl nämlich, mit dem dieser Schwamm getränkt ist. Seht den aufsteigenden Ruß, wie er massenhaft in der Luft herumfliegt! Und nun denkt daran, daß ich Euch sagte: von solchem Ruß, solcher Kohle, entsteht die Kohlensäure, wie wir sie aus der Kerze erhielten. Das nun will ich Euch jetzt beweisen. Ich bringe den Schwamm mit dem brennenden Terpen= tinöl in ein Glas voll Sauerstoff, und da seht Ihr denn, wie prächtig jetzt die Flamme leuchtet und daß

aller Ruß vollſtändig verzehrt wird. Dies iſt aber erſt
die eine Hälfte unſeres Experiments. Was folgt nun?

Die Kohle, welche Ihr ſoeben aus der Terpentin=
flamme in die Luft fliegen ſaht, iſt alſo völlig im Sauer=
ſtoff verbrannt, und wir werden finden, daß wir bei
dieſem raſchen ungeſtümen Vorgange ganz genau daſſelbe
Ergebniß erlangten, welches uns die ruhige Verbrennung
unſerer Kerze lieferte. (In die Flaſche, in welcher das
Terpentinöl mit Sauerſtoff verbrannte, wird Kalkwaſſer
gegoſſen, welches beim Umſchütteln ſtark getrübt wird.)
Ich habe Euch dieſes Experiment gezeigt, obwohl ſein
Erfolg eigentlich vorauszuſehen war, damit Euch der Gang
unſerer Unterſuchungen bei jedem Schritt ſo klar und deut=
lich werde, daß Ihr keinen Augenblick den Faden ver=
lieren könnt, wenn Ihr nur recht Achtung gebt.

Alle Kohle alſo, die in der Luft oder in reinem
Sauerſtoff verbrennt, tritt als Kohlenſäure aus der Flamme
heraus; in den Theilchen dagegen, welche nicht ſo ver=
brannt ſind, ſtellt ſich Euch der zweite Beſtandtheil der
Kohlenſäure dar, nämlich Kohle, jener Körper, welcher
die Flamme ſo hell machte, als ſie genug Sauerſtoff
zum Verbrennen erhielt, welcher aber theilweiſe aus=
geſchieden wurde, als nicht genug Sauerſtoff vorhanden
war, um ihn zu verbrennen.

Um Euch nun dieſe Vereinigung der Kohle und
des Sauerſtoffs zu Kohlenſäure noch verſtändlicher zu
machen, wozu Ihr jetzt ſchon viel beſſer befähigt ſeid
als früher, habe ich hier einige Experimente vorbereitet.

Dieses Gefäß hier ist mit Sauerstoff gefüllt, und hier ist etwas Kohle, die ich in einem Schmelztiegel zunächst rothglühend mache. Ich will gleich voraus bemerken, daß ich Euch diesmal ein etwas unvollkommenes Resultat zu bieten wage; aber es geschieht gerade um das Experiment deutlicher zu machen. Ich bringe jetzt Sauerstoff und Kohle zusammen. Daß dies Kohle, gewöhnliche pulverisirte Holzkohle ist, könnt Ihr an der Art sehen, wie sie an der Luft brennt. [Indem er etwas von der rothglühenden Holzkohle aus dem Tigel herausfallen läßt.] Nun werde ich sie aber in Sauerstoff verbrennen; achtet auf den Unterschied! In der Entfernung mag es Euch vielleicht scheinen, als ob sie mit einer Flamme brenne; dem ist aber nicht so. Jedes einzelne Stückchen Kohle brennt als ein Funke, und indem es so brennt, bildet es Kohlensäure. Ich wünschte diese paar Experimente besonders auch deshalb anzustellen, weil sie das recht deutlich vor Augen führen, worauf ich später näher eingehen werde, nämlich: daß Kohle eben in dieser Weise brennt und nicht mit einer Flamme.

Statt aber so viele einzelne Kohlenstäubchen zu verbrennen, will ich nun lieber ein größeres Stück Kohle benutzen, dessen Gestalt und Umfang Ihr während des Brennens deutlich unterscheiden könnt. Ihr werdet dann auch den ganzen Vorgang besser beobachten. Hier ist das Gefäß mit Sauerstoff, und hier ist ein Stück Kohle, an das ich einen Holzspan befestigt habe; diesen kann ich anzünden und so die Verbrennung ein-

leiten, welche sich sonst nur schwierig bewerkstelligen
ließe. Da seht Ihr nun die Kohle brennen, aber nicht
mit einer Flamme (oder wenn Ihr doch ein Flämmchen
bemerkt, so ist es jedenfalls nur ein ganz kleines; es rührt
davon her, daß bei der Verbrennung sich vorübergehend
eine eigene Substanz, sogenanntes Kohlenoxyd an der
Oberfläche der Kohle bildet). Die Verbrennung geht
diesmal langsam vor sich, wie Ihr seht, und nach und
nach entwickelt sich Kohlensäure durch die Verbindung
der Kohle mit dem Sauerstoff. Hier habe ich ein
anderes Stück Kohle, und zwar Borkenkohle, welches
die Eigenthümlichkeit besitzt, beim Brennen in Stücke
zu zerspringen, zu explodiren. Durch die Hitze wird
dieser Kohlenklumpen in einzelne Theilchen zerplatzen,
die in die Luft fliegen; indeß brennt jedes Theilchen
ebenso wie die ganze Masse in dieser eigenthümlichen
Art — es brennt wie eben Kohle brennt, ohne Flamme.
Ihr bemerkt, daß eine Menge einzelner kleiner Ver=
brennungen vor sich gehen, seht aber keine Flammen.
Ich kenne kein schöneres Experiment als dieses, um zu
zeigen, daß die Kohle nur glimmend brennt.

Hier also sehen wir Kohlensäure aus ihren Ele=
menten entstehen. Wenn wir sie mit Kalkwasser prü=
fen, so werdet Ihr sehen, daß wir ganz denselben
Körper erhalten, den ich Euch bereits früher beschrieben
habe. Wenn sich 6 Gewichtstheile Kohle (mag sie
von der Flamme einer Kerze oder von pulverisirter
Holzkohle herstammen) und 16 Gewichtstheile Sauer=

stoff verbinden, so erhalten wir 22 Theile Kohlensäure; und 22 Theile Kohlensäure geben mit 28 Theilen Kalk 50 Theile kohlensauren Kalk. Wenn Ihr Austerschalen untersucht und ihre Bestandtheile wägt, so werdet Ihr finden, daß je 50 Theile davon 6 Theile Kohle und 16 Theile Sauerstoff verbunden mit 28 Theilen Kalk enthalten. Indessen will ich Euch nicht mit solchen Einzelheiten behelligen; wir wollen uns vielmehr an die Natur unseres Gegenstandes im Allgemeinen halten. Seht, wie die Kohle nach und nach schwindet [der Vortragende zeigt auf das Stück Kohle, das in dem Gefäß mit Sauerstoff ruhig fortbrennt]. Ihr mögt sagen, daß sich die Kohle in der umgebenden Luft auflöst; und wenn das ganz reine Kohle wäre (die wir übrigens leicht herstellen könnten), so würde auch gar kein Rückstand übrig bleiben; vollkommen reine Kohle läßt keine Asche zurück.

Die Kohle ist ein fester Körper, dessen Festigkeit durch Hitze allein nicht aufgehoben werden kann; aber beim Verbrennen geht sie in ein Gas über, welches sich unter gewöhnlichen Umständen nicht zu einem festen oder flüssigen Körper verdichten läßt. Und noch wunderbarer mag der Umstand erscheinen, daß durch diese Aufnahme der Kohle der Sauerstoff durchaus nichts an seinem Rauminhalt ändert: er verwandelt sich in Kohlensäure, und diese nimmt genau denselben Raum ein, wie der Sauerstoff, welcher zu ihrer Bildung erforderlich war.

Ich muß Euch indeß noch ein anderes Experiment zeigen, um Euch hinreichend mit der Natur der Kohlen=

säure bekannt zu machen. Da sie ein zusammen=
gesetzter Körper ist, indem sie aus Kohle und Sauer=
stoff besteht, so müssen wir auch im Stande sein, sie
in ihre Bestandtheile zu zerlegen; und das können wir
auch in der That bei ihr so gut wie beim Wasser.
Der einfachste und kürzeste Weg ist der, einen Körper
auf die Kohlensäure einwirken zu lassen, welcher den
Sauerstoff aus ihr an sich zieht und die Kohle zurück=
läßt. Ihr erinnert Euch, wie ich Kalium auf Wasser
oder Eis legte, und Ihr saht, daß es im Stande war,
den Sauerstoff vom Wasserstoff zu trennen. Nun, ver=
suchen wir einmal dasselbe bei der Kohlensäure. Ihr
wißt, die Kohlensäure ist ein schweres Gas; ich will
sie nicht mit Kalkwasser prüfen, weil sich das mit den
folgenden Experimenten nicht vertragen würde, und ich
denke, die Schwere des Gases und seine Kraft, Flam=
men auszulöschen, wird Euch seine Gegenwart hin=
länglich beweisen. Ich bringe eine Flamme in das
Gas, und Ihr seht, das Licht geht aus. Vielleicht
möchte das Gas sogar Phosphor auslöschen, von dem
Ihr doch wißt, daß er sehr heftig brennt. Hier ist
ein Stückchen Phosphor, das ich stark erhitzte. Ich
bringe es in das Gas, und Ihr seht, es löscht aus,
wird aber in der Luft wieder Feuer fangen und von
neuem weiter brennen. Das Kalium nun ist im Stande,
schon bei gewöhnlicher Temperatur auf die Kohlensäure
zu wirken, freilich nicht so kräftig, wie es unser augen=
blicklicher Zweck erfordert, da sich bald eine um=

hüllende Schicht darüber bildet, welche das Fort=
schreiten des Prozesses erschwert. Wenn wir es aber
so erwärmen, daß es in der Luft brennt, wozu wir
ja das volle Recht haben und wie wir's auch mit dem
Phosphor thaten, so werdet Ihr sehen, daß es auch in
Kohlensäure brennen kann; und wenn es brennt, so
thut es dies eben, weil es sich mit dem Sauerstoff der
Kohlensäure verbindet, so daß Ihr dann sehen werdet,
was dabei zurückbleibt. Ich werde also dieses heiß=
gemachte Kalium in der Kohlensäure verbrennen, um
das Vorhandensein des Sauerstoffs in der Kohlensäure
nachzuweisen. [Beim Erhitzen explodirt das Kalium.]
Es kommt öfter vor, daß ein schlechtes Stückchen Ka=
lium beim Brennen explodirt oder sich auf irgend eine
Weise ungeeignet zeigt. Ich muß also ein anderes
Stück nehmen; nun, nachdem es erhitzt ist, bringe ich
es in das Gefäß, und Ihr seht, daß es in der Kohlen=
säure brennt — nicht so gut wie in der Luft, weil
die Kohlensäure den Sauerstoff ziemlich festhält; aber
es brennt doch weiter und nimmt den Sauerstoff fort.
Wenn ich dieses Kalium nun in Wasser bringe, so finde
ich, daß (außer Potasche, um die Ihr Euch jetzt nicht
zu kümmern braucht) etwas Kohle gebildet ist. Ich
habe hier das Experiment nur auf rohe Art aus=
führen können; aber ich versichere Euch, daß, wenn ich
es sorgfältig machen und statt fünf Minuten einen Tag
darauf verwenden könnte, wir eine gehörige Menge
Kohle in dem Löffel oder an der Stelle, wo das Kalium

verbrannte, erhalten würden, so daß über das Ergeb=
niß unseres Experimentes kein Zweifel obwalten könnte.
Da seht Ihr also die Kohle in ihrem gewöhnlichen
schwarzen Zustande aus der Kohlensäure abgeschieden,
als sprechenden Beweis, daß diese aus Kohle und
Sauerstoff besteht. Und nun brauche ich Euch wohl
kaum zu sagen, daß, wo auch immer Kohle unter ge=
wöhnlichen Umständen, d. h. bei gehörigem Luftzutritt ver=
brennen mag, immer Kohlensäure gebildet wird.

In der Flasche hier ist etwas Kalkwasser und
sonst nichts als atmosphärische Luft; bringe ich dahinein
einen Holzspan, so mag ich diese drei Dinge mit ein=
ander umschütteln, wie ich will, das Wasser wird stets
so klar bleiben, wie Ihr es jetzt seht. Verbrenne ich
nun aber den Holzspan in der Flasche, wie ich es jetzt
thue, also in der über dem Kalkwasser befindlichen Luft
— daß Wasser dabei gebildet wird, wißt Ihr schon —
bekomme ich da vielleicht auch Kohlensäure? Nun, da
seht: da schlägt sich schon kohlensaurer Kalk nieder,
welcher sich nur aus Kohlensäure bilden kann; die
Kohlensäure muß also aus der Kohle entstanden sein,
welche aus dem Holze stammt, wie in anderen Fällen
aus der Kerze oder irgend einem brennenden Körper.
Ihr selbst habt schon oft genug ein sehr einfaches Ex=
periment ausgeführt, durch welches Ihr die Kohle im
Holze zu sehen bekamt; wenn Ihr ein Stückchen Holz
anzündet, es theilweise verbrennen laßt und es dann
ausblaset, so erhaltet Ihr Kohle, welche zurückbleibt.

Nicht alle kohlehaltigen Körper indeß zeigen ihren Ge=
halt an Kohle so leicht; eine Kerze z. B. thut das
nicht, von der wir doch recht gut wissen, daß sie Kohle
enthält. Auch im Leuchtgas, das beim Verbrennen
sehr viel Kohlensäure entwickelt, seht Ihr nichts von
der Kohle; aber ich kann sie Euch ganz leicht sichtbar
machen. Hier habe ich eine Flasche voll Leuchtgas;
ich zünde es an, und die Verbrennung wird andauern,
so lange noch etwas Gas in dem Gefäß ist. Die
Kohle freilich seht Ihr jetzt nicht, sondern nur die
Flamme; aber schon aus deren hellerem Leuchten werdet
Ihr nach den früher gewonnenen Erfahrungen ver=
muthen, daß feste Kohlentheilchen darin zum Erglühen
und Verbrennen gelangen. Indeß will ich Euch die
Kohle mit Hülfe eines anderen Prozesses wirklich mit
Augen schauen lassen. In einer anderen Flasche —
in dieser hier — habe ich etwas von demselben Leucht=
gas mit einem Körper vermischt, der blos den Wasser=
stoff des Gases verbrennen wird, nicht aber die Kohle.*)
Ich will diese Mischung nun mit meinem Wachslicht
anzünden, und da habt Ihr's: der Wasserstoff wird
verbrannt, die Kohle aber bleibt als ein dichter schwarzer
Rauch zurück. Ich denke, durch diese Experimente habt
Ihr die Gegenwart von Kohle in einer Flamme er=
kennen gelernt und zugleich begriffen, welcher Art die
Verbrennungsproducte sind, wenn Leuchtgas oder andere

---

*) Dieser Körper ist das Chlor, ein Element, welches
große Neigung besitzt, sich mit Wasserstoff zu verbinden.

kohlehaltige Körper in freier Luft vollständig ver=
brannt werden.

Bevor wir indessen die Kohle verlassen, wollen
wir noch ein paar Versuche anstellen, durch welche wir
noch weitere Einblicke in ihr wunderbares Verhalten
bei der gewöhnlichen Verbrennung erhalten werden.
Ich habe Euch gezeigt, daß die Kohle beim Verbrennen
nur verglimmt, wie feste Körper es immer thun; dabei
bemerktet Ihr jedoch, daß sie nach dem Verbrennen
nicht als fester Körper zurückbleibt. Es giebt nur sehr
wenige Brennstoffe, die sich in dieser Hinsicht ebenso
verhalten. Eigentlich thut dies nur jene große Gruppe
unserer gewöhnlichen Brennstoffe: die kohlenartigen
Substanzen, die Steinkohlen, die Holzkohlen und die
Hölzer. Ich kenne außer der Kohle keinen Stoff,
welcher bei der Verbrennung dasselbe Verhalten zeigt:
und wenn dem nicht so wäre, was würde uns zustoßen?
Wenn alle Brennstoffe sich so wie das Eisen verhielten,
welches ja bei der Verbrennung einen festen Körper
giebt, — wie könnten wir dann in unseren Oefen eine
solche Verbrennung haben, wie wir sie gewohnt sind?
— Hier in dem Glasrohr ist noch eine andere Art
Brennstoff, ein sehr leicht brennender Körper, so leicht
entzündlich, daß er an der Luft von selbst Feuer fängt, wie
Ihr seht [indem er das Rohr zerbricht]. Das ist schwarzer
Blei=Pyrophor, und Ihr seht, wie wunderschön er brennt.*)

---

*) Einen solchen Pyrophor kann man auf mannigfache Art
erhalten, z. B. indem man citronensaures Blei in einem ge=

Er ist pulverförmig, so daß die Luft wie bei einem Haufen
Kohlen im Ofen von allen Seiten hinzutreten kann, und
so brennt er nun. Aber warum brennt die Substanz nicht
ebenso fort, wenn sie in einer Masse zusammenliegt? [Er
schüttet den übrigen Inhalt der Röhre auf eine eiserne
Platte zu einem Haufen aus.] Einfach genug, weil die
Luft nicht allseitig dazutreten kann. Auch entwickelt sich
dabei große Hitze, so groß, wie wir sie in unseren Oesen
und unter unseren Kesseln gebrauchen; aber der durch die
Verbrennung gebildete Körper ist nicht flüchtig, kann nicht
in die Luft entweichen, sondern haftet als Decke über
der übrigen Masse, so daß diese nicht mit neuer Luft
in Berührung kommen kann, also unverbrannt unter der
Decke liegen bleiben muß. Worin unterscheidet sich dieses
Brennen von dem der Kohle? Die Kohle brennt
zunächst ganz in derselben Weise wie dieser Körper;
aber sie unterhält auch ein kräftiges Feuer auf dem
Herd oder wo wir sie sonst brennen mögen, weil eben
die Kohlensäure, die durch die Verbrennung erzeugt
wird, als Gas in die Luft entweicht, so daß fort und
fort reine Kohle dem Zutritt frischer Luft bloßgelegt
wird. Ich habe Euch auch gezeigt, daß die Kohle beim

---

schlossenen Gefäße glüht. Das Blei bleibt dann in einem sehr
feinvertheilten Zustande zurück, gemischt mit Kohle, welche
aus der Citronensäure stammt. Sobald die Luft mit der
schwammigen Masse in Berührung kommt, entzündet sie sich,
wobei die Kohle zu Kohlensäure, das Blei zu Bleioxyd verbrennt.

Verbrennen in Sauerstoff keine Asche zurückläßt; aber hier bei unserem Häuschen Blei=Pyrophor haben wir augenblicklich mehr Asche als Brennstoff; denn er ist durch den Sauerstoff, der sich mit ihm verbunden hat, schwerer geworden. Da seht Ihr denn, worin der große Unterschied zwischen dem Verbrennen der Kohle und dem des Bleis oder Eisens besteht, und warum wir das Eisen so gut bei den mannigfachen Einrichtungen zur Feuerung, zum Leuchten oder zum Heizen verwenden können. Das Eisen überzieht sich sehr bald mit einer dünnen Kruste seines Verbrennungsproductes, welche es dann vor dem Zutritte der Luft schützt und macht, daß seine Verbrennung nur langsam fortschreitet.

Wenn die Kohle beim Verbrennen sich zuerst ver= flüchtigte und dann als Verbrennungsproduct einen festen Körper bildete, so würde unser Zimmer bald mit einer undurchsichtigen Substanz angefüllt sein, ähnlich wie wir's beim Verbrennen von Phosphor sahen; statt dessen geht Alles flüchtig in die Luft. Vor der Ent= zündung ein fester, unveränderlicher Körper, geht die Kohle bei der Verbrennung in ein Gas über, welches sich nur sehr schwer wieder in festen oder tropfbar flüssigen Zustand überführen läßt.

Ich führe Euch nunmehr zu einem sehr interessan= ten Theil unseres Thema's — zu der Beziehung zwischen der Verbrennung unserer Kerze und jener lebendigen Art von Verbrennung, welche in unserem Körper vor= geht. Ja, in uns Allen findet ein lebendiger Ver=

brennungsprozeß statt, ganz ähnlich dem der Kerze: und ich will versuchen, ihn Euch klar zu machen. Die Ver= gleichung des menschlichen Lebens mit einer Kerze ist nicht nur im poetischen Sinne wahr; wenn Ihr mir folgen wollt, denke ich es Euch deutlich machen zu können, daß sie auch naturwissenschaftlich berechtigt und begrün= det ist.

Ich habe mir dazu einen kleinen Apparat ersonnen

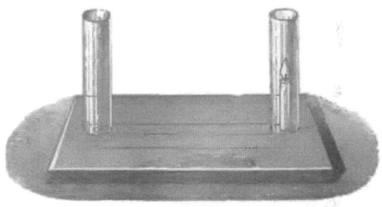

Fig. 32.

den ich gleich vor Euch aufbauen werde. Hier ist ein Brettchen, in das eine Rinne eingeschnitten ist, und diese Rinne kann ich von oben mit einer etwas kürzeren Platte zudecken, so daß auf jeder Seite eine Mündung frei bleibt: den so entstandenen Kanal kann ich ferner durch aufgesetzte Glasröhren an jeder Mündung auf= wärts leiten, sodaß das Ganze einen freien Durchgang bietet. Wenn ich nun einen Wachsstock oder eine Kerze (wir dürfen jetzt frei im Gebrauch des Wortes „Kerze"

sein, seitdem wir seine ganze Bedeutung verstehen) in
eine von den Röhren stelle, so wird die Verbrennung
sehr gut von statten gehen. Ihr merkt, daß die Luft,
welche die Flamme unterhält, in der Röhre auf der
linken Seite hinabsteigt, dann durch die horizontale Rinne
geht und in der Röhre am andern Ende, in der die
Kerze brennt, aufsteigt. Wenn ich die Oeffnung, durch
welche die Luft eintritt, verstopfe, so hemme ich alsbald
die Verbrennung, wie Ihr begreift. Ich schneide die
Luftzufuhr ab, und die Kerze geht aus. Aber was
können wir nun weiter daran knüpfen? In einem frühe=
ren Experimente*) zeigte ich Euch, was geschieht, wenn
die Luft von einer brennenden Kerze zu einer andern
gelangt. Würde ich nun hier Luft, die von einer andern
Kerze kommt, durch eine geeignete Vorrichtung in diese
Röhre einleiten, so wißt Ihr, daß dieses Licht ver=
löschen müßte. Indeß, was werdet Ihr sagen, wenn ich
behaupte, daß auch mein Athem die Kerze zum Verlöschen
bringt? Ich meine nicht etwa durch Ausblasen, sondern
einfach: die Natur meines Athems ist derart, daß die
Kerze darin nicht zu brennen vermag. Ich werde jetzt
meinen Mund über die Oeffnung halten und, ohne daß
ich die Flamme im geringsten anblase, keine andere Luft
in die Röhre gelangen lassen, als die aus meinem
Munde kommt. Da seht Ihr schon das Ergebniß. Ich
habe die Kerze durchaus nicht ausgeblasen; ich ließ nur
die Luft, die ich ausathmete, in die Mündung des

---

*) Siehe Fig. 29, Seite 151.

Kanals eintreten, und das Licht auf der andern Seite verlöfchte aus keinem andern Grunde als aus Mangel an Sauerftoff. Etwas anderes — nämlich meine Lunge — hatte den Sauerftoff aus der Luft fortgenommen, und fo war keiner mehr da, die Verbrennung der Kerze zu unterhalten. Ich halte es für recht intereffant, zu beobachten, wie viel Zeit die fchlechte Luft gebraucht, die ich auf diefer Seite in den Kanal hineinathme, bis fie auf der andern Seite zur Kerze gelangt; anfangs brennt diefe noch ganz ruhig weiter, fobald aber die ausgeathmete Luft fie erreicht, löfcht fie aus.

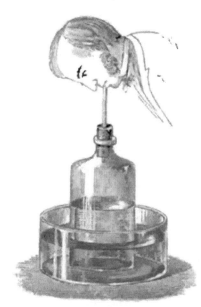

Fig. 33.

Jetzt werde ich Euch noch ein anderes Experiment zei= gen, um Euch diefen wich= tigen Theil unferer Unterfuchung möglichft vollftändig zu erläutern. Hier ift eine Glasglocke, die nichts als Luft enthält, was Ihr daran fehen könnt, daß meine Kerze oder die Gasflamme darin gleichmäßig fortbrennt. Ich ver= fchließe fie mit einem Stöpfel und mittelft einer Glasröhre im Kork bringe ich meinen Mund fo darüber, daß ich die darin enthaltene Luft einathmen kann. Wenn ich die Glocke auf Waffer fetze, wie Ihr es hier feht, fo bin ich im Stande, die Luft herauszuziehen (natürlich muß der Kork ganz luftdicht schließen), sie in meine Lungen gelangen zu lassen und sie dann zurück in das Gefäß auszuathmen. Nun können wir sie untersuchen, um den Erfolg zu erfahren. Daß ich die Luft zuerst aussog und sie dann zurückathmete, konntet Ihr deutlich an dem Auf- und Niedersteigen des Wassers beobachten. Ich bringe nun einen brennenden Wachsstock in diese ausgeathmete Luft, und Ihr werdet ihren Zustand an dem Verlöschen der Flamme erkennen. Ein einziger Athemzug hat diese Luft, wie Ihr seht, vollständig verdorben, so daß es ganz nutzlos sein würde, sie nochmals einathmen zu wollen. Nun begreift Ihr auch den Grund der Unzweckmäßigkeit vieler Einrichtungen in den Häusern besonders der ärmeren Klassen, welche es bedingen, daß dieselbe Luft immer und immer wieder eingeathmet werden muß, weil der Mangel geeigneter Ventilation die Zufuhr frischer Luft erschwert. Wenn schon ein einziger Athemzug die Luft so verdirbt, wie Ihr es hier gesehen, wie wesentlich muß da für unsere Gesundheit frische Luft sein!

Um über diesen wichtigen Gegenstand noch klarer zu werden, wollen wir doch einmal sehen, was mit dem Kalkwasser geschieht, wenn es mit der Ausathmungsluft in Berührung kommt. Hier ist ein Glaskolben, der etwas Kalkwasser enthält; durch die Glasröhren im Stöpsel kann Luft hinein- und heraustreten, so daß wir die Einwirkung der geathmeten, wie der frischen

12*

Luft bequem beobachten können. Ich kann nun entweder durch A Luft einsaugen und so in meine Lungen gelangen lassen, nachdem sie durch das Kalk= wasser gegangen ist; oder ich kann die Luft aus meinen Lungen durch die bis auf den Boden gehende Röhre B treiben und ihre Wirkung auf das Kalkwasser zeigen. Gebt Acht — ich werde bei A beginnen —; jetzt habe ich also längere Zeit die äußere Luft in das Kalk=

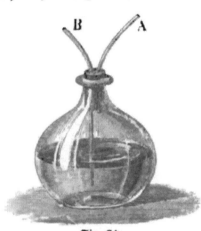

Fig. 34.

wasser gezogen und dann durch dasselbe hindurch in meine Lungen; es zeigt sich aber nicht die geringste Veränderung, das Kalk= wasser ist durchaus nicht trübe geworden. Nun will ich's aber umgekehrt machen, also die Luft aus meinen Lungen durch das Kalkwasser hindurchtreiben (indem ich sie durch B einblase); da seht, hier zeigt sich die Wirkung sofort, das Kalkwasser wird durch die aus= geathmete Luft weiß und milchig. „Aber dieser weiße Niederschlag im Kalkwasser ist uns ja von früher schon ganz gut bekannt," sagt Ihr, „das ist ja kohlensaurer Kalk, der bei Berührung des Kalkwassers mit Kohlen= säure entsteht." Ganz Recht; es ist Kohlensäure, welche die durch das Athmen unbrauchbar gewordene Luft verdirbt; die Reaction auf Kalkwasser läßt keinen Zweifel daran.

Ich habe hier zwei Flaschen, welche beide mit Kalk=
wasser gefüllt und durch Röhren verbunden sind, wie
Ihr's hier seht. Der Apparat ist zwar nur roh, wird
aber doch für unsern Zweck genügen. Wenn ich nun
an diesen Flaschen hier (bei a) ein= und dort (bei b)
ausathme, so bewirkt die Einrichtung der Röhren, daß
die Luft in beiden Fällen durch das Kalkwasser streicht.
Zunächst bemerkt Ihr nun, daß die gute Luft beim

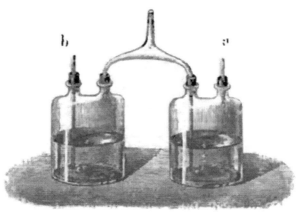

Fig. 35.

Einathmen in dem Kalkwasser wiederum gar keine Ver=
änderung hervorbringt; und alsdann seht ihr die Wir=
kung beim Ausathmen: das Kalkwasser wird getrübt;
und es ist doch nichts als mein Athem damit in Be=
rührung gekommen. Der Unterschied ist wohl auf=
fallend genug!

Gehen wir nun weiter zu der Frage: Was hat
dieser ganze Prozeß zu bedeuten, der in uns vorgeht,
ohne den wir nicht sein können, weder am Tage, noch

bei Nacht, und welcher vom Schöpfer so eingerichtet ist,
daß er im Wachen wie im Schlaf ganz unabhängig
von unserem Willen sich fortsetzt? Wenn wir den Athem
dauernd anhielten — was wir aber bekanntlich nur für
ganz kurze Zeit vermögen — so würden wir uns selber
zerstören. Auch im Schlaf sind die Athmungswerk=
zeuge und die mit ihnen verbundenen Organe in be=
ständiger Thätigkeit; so nothwendig ist der Athmungs=
prozeß für unser Leben, so unentbehrlich diese unaus=
gesetzte Berührung der Luft mit unsern Lungen. Ich
muß Euch diesen Prozeß in möglichster Kürze ausein=
andersetzen. Wir nehmen Nahrung zu uns; diese Nah=
rung gelangt durch die Speiseröhre zunächst in den
Magen und dann weiter in die übrigen Theile des Ver=
dauungskanals, wo die für den Körper brauchbaren
Stoffe gelöst und von eigens dazu eingerichteten Ge=
fäßen aufgesogen werden. Die so umgewandelten Nah=
rungsstoffe werden nun, nachdem sie zu Bestandtheilen
des Blutes geworden, durch eine besondere Reihe von
Gefäßen in die Lungen eingeführt und wieder heraus=
geschafft; gleichzeitig wird durch eine andere Reihe von
Gefäßen die Luft in die Lungen ein= und wieder aus=
gepumpt. Luft und Nahrungsstoff kommen auf diese
Art in sehr nahe Berührung mit einander; sie sind
nur getrennt durch ganz dünnhäutige Scheidewändchen,
wobei denn die Luft auf das Blut eine Wirkung ganz
derselben Art ausübt, wie wir sie an der Kerze kennen
gelernt haben. Der Sauerstoff der Luft verband sich

mit dem Kohlenstoff der Kerze zu Kohlensäure, und dabei wurde Wärme entwickelt; dieselbe eigenthümliche Umsetzung findet in den Lungen statt. Der Sauerstoff der eingeathmeten Luft verbindet sich mit Kohlenstoff (nicht Kohle in freiem Zustande, sondern hier gerade im Augenblick der Verwendung erst frei werdend) und bildet damit Kohlensäure, welche dann in die Atmosphäre ausgeathmet wird. So gelangen wir denn zu der merkwürdigen Folgerung, daß wir den Nahrungsstoff als Brennstoff anzusehen haben. Ich will ein Stückchen Zucker nehmen, und Euch daran das eben Gesagte noch deutlicher machen. Der Zucker ist zusammengesetzt aus Kohle, Wasserstoff und Sauerstoff; aus denselben Elementen besteht, wie wir wissen, auch die Kerze, nur die Gewichtsverhältnisse sind andere. Der Zucker enthält:

Kohle 72
Wasserstoff . . . . . . 11 ⎫ 99
Sauerstoff . . . . . . 88 ⎭

Es ist sehr merkwürdig, und es ist gut, wenn Ihr das beachtet, daß Wasserstoff und Sauerstoff sich hier genau in demselben Verhältniß vorfinden wie im Wasser, so daß man also auch sagen könnte: der Zucker besteht aus 99 Theilen Wasser und 72 Theilen Kohle. Eben diese Kohle im Zucker ist es, welche sich mit dem Sauerstoff der eingeathmeten Luft in den Lungen verbindet, also uns gleichsam zu Kerzen macht und durch diesen so schönen und einfachen Prozeß die für den

Körper unentbehrliche innere Wärme neben manchen
anderen nothwendigen Wirkungen hervorbringt. Um
dies noch deutlicher zu machen, nehme ich ein wenig
Zucker — oder, um Zeit zu sparen, nehme ich etwas
Syrup, der aus ungefähr $^3/_4$ Theilen Zucker und $^1/_4$
Theil Wasser besteht, und gieße etwas Schwefelsäure
hinzu. Die Schwefelsäure nimmt aus dem Zucker das
Wasser fort, mit dem sie sich kräftig verbindet, und zu=
rück bleibt, wie Ihr seht, eine kohlschwarze Masse —
wirkliche Kohle; Ihr seht, wie die Kohle sich abscheidet,
und nach kurzer Zeit werden wir einen einzigen festen
Kohlenklumpen in dem Gefäß haben, welcher allein aus
dem Zucker stammt. Der Zucker gehört, wie Ihr wißt,
zu den Nahrungsmitteln — und schwerlich hättet Ihr
die Bildung von Kohle aus einem solchen erwartet.
Meine Beweisführung wird indeß noch vollständiger
werden, wenn ich diese aus dem Zucker erhaltene Kohle
verbrenne, d. h. chemisch ausgedrückt: wenn ich sie mit
Sauerstoff — Oxygen — verbinde, wenn ich sie oxydire.
Hier habe ich einen Körper, der kräftiger oxydirend
wirkt als die atmosphärische Luft*), und die Oxyda=
tion der Kohle wird darin zwar dem Anschein nach
anders vor sich gehen als beim Athmungsprozeß, im

---

*) Der gewöhnliche Salpeter — bekanntlich ein Bestand=
theil des Schießpulvers — kann zu diesem Zwecke verwendet
werden. Auch das chlorsaure Kali eignet sich gut dazu. Es
enthält viel Sauerstoff und giebt denselben, wie aus dem S. 123
Gesagten hervorgeht, beim Erhitzen leicht ab.

Wesentlichen aber ist es ganz derselbe Vorgang, hier
wie dort Verbrennung der Kohle durch Verbindung
mit dem zugeführten Sauerstoff. Ich lasse jetzt die
Einwirkung stattfinden, und Ihr seht nun sofort die
Verbrennung erfolgen. Ich wiederhole es: ganz das-
selbe, was in den Lungen durch den Sauerstoff der
Luft geschieht, vollzieht sich hier in einem rascheren
Prozesse.*)

*) Einige Nahrungsmittel gleichen hinsichtlich ihrer Zu-
sammensetzung dem Zucker, welcher Wasserstoff und Sauerstoff
in demselben Verhältnisse enthält wie das Wasser. Beispiels-
weise ist dies auch bei der Stärke der Fall, welche den Haupt-
bestandtheil aller Mehlarten ausmacht und daher zu den wichtigsten Nahrungsstoffen gehört. Bei den Fetten dagegen, sowie
bei den Hauptbestandtheilen des Fleisches trifft dieses Verhältniß nicht zu: sie enthalten weit weniger Sauerstoff als
Zucker und Stärke. Damit sie im menschlichen oder thierischen
Körper verbrennen, bedarf es einer größeren Sauerstoffzufuhr
von außen, da nicht nur der Kohlenstoff zu Kohlensäure, sondern auch ein großer Theil des Wasserstoffs zu Wasser oxydirt
werden muß. Wie bei der Kerze haben wir also auch in
unserem Körper als Verbrennungsproducte Kohlensäure und
Wasser. Beide befinden sich in der Ausathmungsluft, die
erstere als Gas, das letztere als Dampf. Die Anwesenheit
der Kohlensäure in der Ausathmungsluft wurde durch die im
Texte angegebenen Versuche bewiesen; das Vorhandensein von
Wasserdampf zeigt sich sehr leicht, wenn wir mit unserem Athem
einen kalten, blanken Körper anhauchen: sogleich wird er durch
einen Niederschlag von feinen Wassertröpfchen blind werden. —
Auch das Beschlagen der Schlafzimmerfenster, welches man
im Winter des Morgens beobachtet, rührt von dem durch die

Es wird Euch in Erstaunen setzen, wenn ich Euch mittheile, welch hohe Gewichtsmengen Kohle bei dieser merkwürdigen Umwandlung in den Lungen ver= arbeitet werden. Schon wenn Ihr berücksichtigt, wie eine so kleine Kerze vier bis sieben Stunden brennt und so lange auch fortwährend Kohlensäure entwickelt, werdet Ihr eine Ahnung bekommen, daß die Menge der Kohle, welche täglich in Form von Kohlensäure in die Luft aufsteigt, sehr bedeutend sein muß. Welche Masse Kohlensäure mag wohl Jeder von uns aus= athmen! Welch ungeheurer Umsatz an diesem Brenn= stoff muß in der ganzen Natur, bei aller Verbrennung, aller Oxydation, aller Athmung stattfinden! Ein er= wachsener Mann verwandelt in 24 Stunden etwa 240 Gramm, also nahezu ein halbes Pfund Kohle in Kohlen= säure; eine Kuh verbraucht täglich ungefähr 2 Kilo= gramm Kohle, und ein Pferd $2^{1}/_{4}$ Kilogramm beim Athmen; also: das Pferd verbrennt in seinem Körper binnen 24 Stunden $2^{1}/_{4}$ Kilogramm Kohle, um während dieser Zeit seine natürliche Wärme zu unterhalten. Alle warmblütigen Thiere entwickeln so ihre Blutwärme einzig und allein durch Verbrennen der in den Nahrungs= stoffen eingeführten Kohle.*) Und welcher großartige

---

Lungen (und die Haut) ausgeschiedenen Wasserdampf her; der letztere wurde, wenigstens theilweise, durch die Oxydation des in den Nahrungsmitteln enthaltenen Wasserstoffs gebildet.

*) Die Erzeugung der Körperwärme ist nicht die einzige Folge des im Körper stattfindenden Oxydationsprozesses. Eine

Einblick ergiebt sich daraus in die Vorgänge, welche sich in unserer Atmosphäre vollziehen! In London allein werden innerhalb 24 Stunden 548 Tonnen, also 5,000,000 Pfund Kohlensäure allein durch Athmung entwickelt. Und wo bleibt all diese Kohlensäure? Sie geht in die Luft. Verhielte sich die Kohle beim Verbrennen ebenso wie Blei oder Eisen — Ihr habt gesehen, daß diese Körper feste Oxydationsproducte liefern — was würde da geschehen! Niemals könnte in gewöhnlicher Luft eine lebhafte Verbrennung von sich gehen.

Eigenthümlichkeit des Thieres (und des Menschen) ist die Bewegung. Das Thier kann den eigenen Körper bewegen und außerdem noch äußere Lasten in Bewegung setzen: es arbeitet. Man weiß jetzt, daß jede Arbeit den Aufwand einer Kraft erfordert, welche nicht aus nichts entstehen kann. Soll eine Dampfmaschine Arbeit liefern, so müssen wir unter ihrem Kessel einen Brennstoff — Holz, Kohlen ꝛc. — verbrennen, und die geleistete Arbeit steht im geraden Verhältniß zu dem aufgewendeten Brennstoff. Geradeso bedarf der Körper des Menschen und der Thiere eines Brennstoffes zur Leistung der Arbeiten, welche ihm zugemuthet werden. Dieser Brennstoff ist die eingenommene Nahrung, von der wir ja sahen, daß sie in ihrer Zusammensetzung den gewöhnlichen Brennstoffen gleicht. Auch die Producte der Verbrennung sind in beiden Fällen dieselben. Kohlensäure und Wasserdampf, welche wir durch die Lungen ausathmen, entweichen auch aus dem Kamine einer Dampfmaschinenfeuerung. — So sind die Nahrungsmittel, welche wir aufnehmen, und welche durch den eingeathmeten Sauerstoff verbrannt werden, die Quelle, aus welcher fort und fort die Wärme des Thierkörpers und zugleich seine Arbeitsleistungen fließen. Diese Nahrungsmittel liefern uns die

Die Kohle aber wird durch die Oxydation zu einem
Gas, das sich in die atmosphärische Luft erheben, sich
mit ihr vermischen kann und nun von diesem gewaltigen
Träger fortgeschaft wird.

Was aber wird nun aus der Kohlensäure? Wahr=
haft wunderbar ist es zu sehen, daß dieses Athmungs=
product, welches für uns so nachtheilig zu sein schien,
als wir seine Unbrauchbarkeit zu fernerem Athmen er=
kannten, — daß dieser gleiche Stoff wiederum zur
Lebensquelle einer anderen Klasse von Geschöpfen wird:
die Pflanzenwelt auf unserer Erdoberfläche saugt

Pflanzen; sie besitzen die merkwürdige Fähigkeit, aus Kohlen=
säure und Wasser diejenigen Stoffe zu bilden, welche zum Auf=
bau ihres eigenen Körpers erforderlich sind und zugleich den
Thieren zur Nahrung dienen; und so zeigen sich diese beiden
großen Reiche in einer höchst wunderbaren und für beide gleich
nothwendigen Wechselwirkung. — Die Pflanzen aber bedürfen
zur Ausübung ihrer Lebensfunctionen eines mächtigen Agens,
und dieses ist kein anderes als das Licht der Sonne. Eine
Pflanze, welche den Sonnenstrahlen entzogen wird, verkümmert
bald und geht zuletzt zu Grunde. Und genaue Untersuchungen
haben zweifellos ergeben, daß nur unter dem directen Ein=
flusse des Sonnenlichts jener wichtige Prozeß in den Pflanzen
sich vollzieht. Das Sonnenlicht ist also die eigentliche Quelle
allen Lebens auf der Erde. Es vermittelt den großen Kreis=
lauf, welcher den Kohlenstoff und den Wasserstoff — und
nebenbei noch einige andere Stoffe — zuerst zu Bestandtheilen
der Pflanze und dann zu solchen des Thierkörpers macht, da=
mit sie dann, von den Thieren ausgeschieden, wiederum in den
Pflanzenkörper gelangen, und so den Lauf von neuem beginnen.

die Kohlensäure als Nahrungsstoff ein. Und auch unter der Oberfläche, in den großen Wassermassen der Meere und Seen findet derselbe Austausch statt; die Fische und anderen Seethiere athmen im Wasser in eben dieser Weise, wenn auch nicht in unmittelbarer Berührung mit der freien Luft.

Seht da diese Goldfische in der Glaskugel! Sie ziehen fortwährend das Wasser durch ihre Kiemen hindurch und athmen dabei den Sauerstoff ein, welchen das Wasser aus der Luft aufgenommen hat, und Kohlensäure athmen sie aus.

Und so sehen wir denn Alles sich regen zu dem einen großen Werke, die beiden lebendigen Reiche der Schöpfung einander dienstbar zu machen. Alle Bäume, Sträucher und Kräuter der Erde nehmen Kohlenstoff auf; sie nehmen ihn durch die Blätter aus der Luft, in die wir und alle Thiere ihn in Gestalt von Kohlensäure entsendet haben, und sie wachsen und gedeihen darin. Gebt ihnen ganz reine Luft, wie sie uns am dienlichsten ist — sie werden dahinwelken und absterben; gebt ihnen Kohlensäure, und sie werden wachsen und sich wohlbefinden. Alle Kohle in diesem Stück Holz, ebenso wie in allen Pflanzen, stammt aus der Atmosphäre, welche die Kohlensäure aufnimmt, die uns schädlich, jenen aber nützlich ist — was dem Einen den Tod brächte, dem Andern bringt es Leben. Und so sehen wir Menschen uns abhängig nicht nur von unseren Nebenmenschen, sondern abhängig von aller Mitkreatur.

sehen uns mit dem All der Schöpfung zu einem großen
Ganzen verbunden durch die Gesetze, nach denen jedes
Glied zum Heile der anderen lebet und webet und schafft.

Bevor wir nun zum Schluß kommen, muß ich
Eure Aufmerksamkeit noch auf einen Umstand lenken,
der bei allen unseren chemischen Arbeiten eine wichtige
Rolle spielt. Ich zeigte Euch kürzlich Blei-Pyrophor,
der sich entzündete; Ihr saht, daß er gleich beim Zer=
brechen der Röhre, als er kaum mit etwas Luft in
Berührung gekommen, und ehe er noch aus dem Röhr=
chen heraus war, Feuer fing. Nun, das geschah in
Folge chemischer Verwandtschaft — dieser den Elementen
innewohnenden Hinneigung zu einander, vermöge welcher
alle chemischen Prozesse, die wir ausführen, vor sich
gehen. Beim Athmen wirkt sie in unseren Lungen,
beim Brennen unserer Kerze in der Flamme; und hier
wirkt sie zwischen dem Blei und dem Sauerstoff der
Luft: stiege auch hier das Verbrennungsproduct des
Bleies von der Oberfläche in die Luft auf, so würde
immer wieder eine neue Schicht Feuer fangen und das
Blei ganz bis zu Ende verbrennen. Wie ganz anders
aber verhält sich die Kohle! Während wir dort bei
der ersten Berührung der Luft sofortige Entzündung
beobachten, bleibt die Kohle Tage, Jahre, Jahrhunderte
lang unverändert an der Luft liegen. Die in dem ver=
schütteten Herkulanum aufgefundenen Schriften waren
mit einer Tinte geschrieben, welche Kohle enthielt, und
sie haben sich über 1800 Jahre unverändert erhalten,

haben durch den Einfluß der Luft nicht im geringsten
gelitten, obwohl sie mit ihr in vielfache Berührung
kamen. Nun, worin besteht also diese große Verschieden=
heit der Kohle von jenem andern Körper? Es ist eine
wirklich erstaunliche Erscheinung, daß gerade der Kör=
per, der von der Natur recht eigentlich zum Brenn=
stoff bestimmt erscheint, auf seine Entzündung wartet!
Unsere Kohle fährt bei Berührung mit der Luft nicht
flammend auf wie jenes Bleipräparat und noch so
mancher brennbare Körper, den ich Euch hätte zeigen
können, sondern sie wartet ihre Verwendung ab. Ist
dieses Warten nicht eine absonderliche, eine ganz wunder=
bare Eigenschaft? Unsere Kerze fängt nicht von selbst
Feuer an der Luft, geräth nicht auf einmal in Brand, wie
jenes Bleipräparat; sie wartet Jahre, sie wartet ganze
Zeitalter ab, ohne einer Veränderung zu unterliegen,
bis wir sie in Thätigkeit setzen. Drehe ich den Hahn
hier an der Gaslampe auf, so strömt das Gas kräftig
aus dem Brenner aus; aber Ihr seht, Feuer fängt
es nicht an der Luft — es tritt heraus in die Luft,
wartet aber, bis ich es entzünde; und blase ich die
Flamme wieder aus, so strömt es abermals ohne zu
brennen heraus und wartet von neuem, bis ich meinen
Wachsstock daran halte. Ich muß die Kerze oder das
Gas erst erwärmen, wenn es sich entzünden soll.
Dabei ist es merkwürdig, wie die verschiedenen ent=
zündlichen Stoffe verschiedener Hitzegrade bedürfen, da=
mit sie sich entzünden; manche brauchen nur geringe

Temperaturerhöhung, andere verlangen stärkere Erhitzung. Hier habe ich z. B. zwei explodirende, also
sehr kräftig feuerfangende Substanzen, Schießpulver und
Schießbaumwolle; sogar diese weichen in den Temperatur-
graden ab, bei denen sie sich entzünden. Das Schießpulver besteht aus Kohle und einigen andern Stoffen,
die es sehr leicht brennbar machen; und die Schießbaumwolle wird durch eigenthümliche Behandlung aus
der gewöhnlichen Baumwolle angefertigt, enthält also
ebenfalls viel Kohle, denn die Baumwolle stammt ja
aus dem Pflanzenreiche. Beide entzünden sich nicht
von selbst; und sie werden bei verschiedenen Hitzegraden,
oder sonst unter verschiedenen Bedingungen in Thätigkeit versetzt. Berühre ich diese beiden Substanzen mit
einem heißen Draht, so werdet Ihr sehen, welche sich
zuerst entzündet. Da seht — die Schießbaumwolle ist
explodirt, während selbst der heißeste Theil des Eisen-
drahtes das Schießpulver nicht zu entzünden vermag.
Wie schön zeigt sich an diesem Beispiel die Thatsache,
daß verschiedene Körper zur Entwickelung ihrer eigenthümlichen Thätigkeit verschiedene Bedingungen verlangen! Der eine Körper wartet es ruhig ab, bis die
gehörige Wärme seine Thätigkeit weckt; der andere
aber wartet gar nicht — wie es beim Athmungsprozeß
der Fall ist. Sofort beim Eintritt der Luft in die
Lungen verbindet sich der Sauerstoff mit der Kohle;
noch bei der niedersten Temperatur, welche der Körper
ertragen kann, wenn er selbst dem Erfrieren nahe ist,

findet die Wirkung des Athmens ohne weiteres statt: es wird Kohlensäure gebildet, und alle Functionen gehen ihren normalen Gang.

So werdet Ihr erkennen, inwieweit Athmung und Verbrennung übereinstimmen.

Und so wünsche ich Euch denn zum Schluß unsrer Vorlesungen, daß Ihr Euer Leben lang den Vergleich mit einer Kerze in jeder Beziehung bestehen möget, daß Ihr wie sie eine Leuchte sein möget für Eure Umgebung, daß Ihr in allen Euren Handlungen die Schönheit einer Kerzenflamme wiederspiegeln möget, daß Ihr in treuer Pflichterfüllung Schönes, Gutes und Edles wirket für die Menschheit.